Ravikumar Kurup
Parameswara Achutha Kurup

Endosymbiotyk Archaea, Autoimbiotyk i fenotyp Warburga

Ravikumar Kurup
Parameswara Achutha Kurup

Endosymbiotyk Archaea, Autoimbiotyk i fenotyp Warburga

Syndromy tropikalne związane ze zmianami klimatycznymi

Wydawnictwo Bezkresy Wiedzy

Cover image: www.ingimage.com

This book is a translation from the original published under ISBN 978-620-0-30107-9.

Publisher:
Wydawnictwo Bezkresy Wiedzy
is a trademark of
Dodo Books Indian Ocean Ltd., member of the OmniScriptum S.R.L Publishing group
str. A.Russo 15, of. 61, Chisinau-2068, Republic of Moldova Europe
Printed at: see last page
ISBN: 978-620-0-81580-4

ENDOSYMBIOTYCZNE ARCHAIKI ZAPOŚREDNICZONE AUTOIMMUNOLOGICZNĄ DYSFUNKCJĄ MITOCHONDRIÓW I FENOTYPEM WARBURGA - ZESPOŁY TROPIKALNE ZWIĄZANE ZE ZMIANAMI KLIMATYCZNYMI

RAVIKUMAR Kurup A. i Parameswara Achutha Kurup

Centrum Badań nad Zaburzeniami Metabolicznymi,
TC 4/1525, Gouri Sadan, Kattu Road
Na północ od Cliff House, Kowdiar PO
Trivandrum, Kerala, Indie
Email: ravikurup13@yahoo.in

SPIS TREŚCI

ROZDZIAŁ 1

WPROWADZENIE

Endosymbiotyczne archaea ma metanogeniczne archaeal selenoproteiny i wykorzystuje rezerwy selenu komórkowego i wyczerpuje selen z ludzkiego systemu. Prowadzi to do zmniejszenia syntezy cholesterolu. Endosymbiotyczne archaiki mają również aktywność oksydazy cholesterolu i wykorzystuje cholesterol do swojej energii. To prowadzi dalej do zubożenia cholesterolu z ludzkiego systemu. Wyczerpywanie się cholesterolu prowadzi do zwiększonej produkcji enzymu reduktazy HMG CoA, ograniczającego tempo syntezy cholesterolu. Zwiększona produkcja reduktazy HMG CoA prowadzi do wadliwego przetwarzania cząsteczki reduktazy HMG CoA, co czyni ją antygenową. Wiązanie wiroidów RNA z cząsteczką reduktazy HMG CoA zmienia również konformację białka, czyniąc je antygenowymi. Prowadzi to do generowania przeciwciał przeciwko reduktazie antyHMG CoA, które dodatkowo hamują drogę izoprenoidów i syntezę cholesterolu, prowadząc do zubożenia cholesterolu z układu i zwiększenia produkcji cząsteczek reduktazy HMG CoA. Hamowanie reduktazy HMG CoA przez przeciwciało antyHMG CoA reduktazy hamuje szlak izoprenoidowy i syntezę cząsteczek izoprenoidów, a zwłaszcza CoQ. Zmniejszenie produkcji CoQ, który jest integralną częścią mitochondrialnego łańcucha fosforylacji oksydacyjnej, prowadzi do dysfunkcji mitochondriów i dalszego hamowania dehydrogenazy pirogronianowej. Prowadzi to do zwiększenia aktywności glikolitycznej i wytworzenia fenotypu Warburga. Fenotyp Warburga może być zatem generowany przez generację przeciwciała reduktazy antyHMG CoA za pośrednictwem endosymbiotyku archaea. Generacja fenotypu Warburga i dysfunkcja mitochondriów może prowadzić do chorób układowych. Komórki nowotworowe zależą od glikolizy pod względem energetycznym, a fenotyp Warburga może prowadzić do transformacji onkogennej. Limfocyt jest zależny od glikolizy pod względem energetycznym, a fenotyp Warburga może prowadzić do aktywacji limfocytów i chorób autoimmunologicznych. Fenotyp Warburga i związana z nim dysfunkcja mitochondriów może generować wolne rodniki, które mogą modulować konformację białka, czyniąc je antygenowymi. Fenotyp Warburga i dysfunkcja mitochondriów mogą prowadzić do zmniejszonego wykorzystania glukozy i zespołu metabolicznego-x. Fenotyp Warburga i dysfunkcja mitochondriów mogą prowadzić do aktywacji NMDA i neurodegeneracji. Fenotyp

Warburga może prowadzić do dysfunkcji mitochondriów, która może odgrywać rolę w zaburzeniach neuropsychiatrycznych, takich jak schizofrenia i autyzm.

ROZDZIAŁ 2

ENDOSYMBIOTYCZNY AKTYNOIDALNY FENOTYP WARBURGA POŚREDNICZY W STANIE CHOROBY U LUDZI

Wprowadzenie

Fenotyp Warburga związany jest z patogenezą schizofrenii, nowotworów, zespołu metabolicznego x, choroby autoimmunologicznej i zwyrodnienia neuronów. [1-4] W niniejszej pracy rozważano możliwość wystąpienia fenotypu Warburga wywołanego przez prymitywne organizmy oparte na aktynowcach, takie jak archaiki o szlaku mewalonatowym i katabolizm cholesterolowy. [5-8] Opisano zależną od aktynowców biosferę cienia archaicznych i wiroidów w wymienionych stanach chorobowych. [7,9]

Materiały i metody

Badaniami objęto następujące grupy: - włóknienie śródmięśniowe, choroba Alzheimera, stwardnienie rozsiane, chłoniak nieziarniczy, zespół metaboliczny x z zakrzepicą naczyń mózgowych i chorobą wieńcową, schizofrenia, autyzm, zaburzenia napadowe, choroba Creutzfeldta Jakoba oraz zespół nabytego niedoboru odporności. W każdej grupie znajdowało się 10 pacjentów, a każdy z nich miał dopasowaną do wieku i płci zdrową kontrolę wybraną losowo z populacji ogólnej. Próbki krwi pobierano w stanie postu przed rozpoczęciem leczenia. Zastosowano osocze z poszczącej krwi heparynizowanej, a protokół doświadczalny był następujący: (I) Osocze + sól fizjologiczna buforowana fosforanem, (II) taka sama jak substrat I+cholesterolowy, (III) taka sama jak II+rutyl 0,1 mg/ml, (IV) taka sama jak II+profloksacyna i doksycyklina, każda w stężeniu 1 mg/ml. Podłoże cholesterolowe zostało przygotowane w sposób opisany przez Richmond. [10] Alikwoty wycofywano w czasie zerowym bezpośrednio po zmieszaniu i po inkubacji w temperaturze 37 ^{oC} przez 1 godzinę. Przeprowadzono następujące badania: - Cyklochrom F420 i heksokinaza. [11-13] Cytokinazę F420 oceniano mącznikowo (długość fali wzbudzenia 420 nm i długość fali emisji 520 nm). Do badań uzyskano świadomą zgodę osób badanych oraz zgodę komisji etycznej. Analiza statystyczna została przeprowadzona przez ANOVA.

Wyniki

W osoczu osób z grupy kontrolnej stwierdzono zwiększony poziom wyżej wymienionych parametrów po inkubacji przez 1 godzinę i dodaniu substratu cholesterolowego, co spowodowało dalszy znaczący wzrost tych parametrów. Osocze chorych wykazywało podobne wyniki, ale stopień wzrostu był większy. Dodatek antybiotyków do osocza kontrolnego powodował spadek wszystkich parametrów, natomiast dodatek rutylu zwiększał ich poziom. Dodatek antybiotyków do osocza pacjenta spowodował spadek wszystkich parametrów, podczas gdy dodatek rutylu zwiększył ich poziom, ale zakres zmian był większy w osoczu pacjenta w porównaniu z grupą kontrolną. Wyniki są wyrażone w tabelach 1-2 jako procentowa zmiana parametrów po 1 godzinie inkubacji w porównaniu do wartości w czasie zerowym. Osocze osób z grupy kontrolnej było inkubowane przez 1 godzinę po dodaniu surowicy pacjenta, a aktywność reduktazy HMG CoA została oceniona w surowicy normalnej w celu zbadania, czy surowica pacjenta zawierała czynniki hamujące prawidłową aktywność reduktazy HMG CoA.

Tabela 1. Wpływ rutylu i antybiotyków na cytochrom F420

Grupa	CYT F420 % (Zwiększyć za pomocą Rutylu)		CYT F420 % (Zmniejszyć za pomocą Doxy+Cipro)	
	Mean	**± SD**	**Mean**	**± SD**
Normalny	4.48	0.15	18.24	0.66
Schizo	23.24	2.01	58.72	7.08
Zajęcie	23.46	1.87	59.27	8.86
AD	23.12	2.00	56.90	6.94
MS	22.12	1.81	61.33	9.82
NHL	22.79	2.13	55.90	7.29
DM	22.59	1.86	57.05	8.45
AIDS	22.29	1.66	59.02	7.50
CJD	22.06	1.61	57.81	6.04
Autyzm	21.68	1.90	57.93	9.64
EMF	22.70	1.87	60.46	8.06
	F wartość 306,749 Wartość P < 0,001		Wartość F 130,054 Wartość P < 0,001	

Tabela 2. Wpływ rutylu i antybiotyków na heksokinazę

Grupa	Heksokinaza zmiana % (Zwiększyć za pomocą Rutylu)		Heksokinaza zmiana % (Zmniejszyć za pomocą Doxy+Cipro)	
	Mean	**± SD**	**Mean**	**± SD**
Normalny	4.21	0.16	18.56	0.76
Schizo	23.01	2.61	65.87	5.27
Zajęcie	23.33	1.79	62.50	5.56
AD	22.96	2.12	65.11	5.91
MS	22.81	1.91	63.47	5.81
NHL	22.53	2.41	64.29	5.44
DM	23.23	1.88	65.11	5.14
AIDS	21.11	2.25	64.20	5.38
CJD	22.47	2.17	65.97	4.62
Autyzm	22.88	1.87	65.45	5.08
EMF	21.66	1.94	67.03	5.97
	F wartość 292,065 Wartość P < 0,001		F wartość 317,966 Wartość P < 0,001	

Tabela 3. Aktywność przeciwciał przeciwko reduktazie antyHMG CoA

Grupa	Aktywność przeciwciał przeciwko reduktazie antyHMG CoA
Normalny	Nie wykryto
Schizo	Detected
Zajęcie	Detected
AD	Detected
MS	Detected
NHL	Detected
DM	Detected
AIDS	Detected
CJD	Detected
Autyzm	Detected

Dyskusja

Nastąpił wzrost cytochromu F420 wskazujący na wzrost archeologiczny. Archaiowie mogą syntezować i wykorzystywać cholesterol jako źródło węgla i energii. [6,14] Archeologiczne pochodzenie aktywności enzymu zostało wskazane przez tłumienie wywołane antybiotykiem. Badanie wskazuje na obecność w układzie archaiki opartej na aktynowcach z alternatywnymi enzymami opartymi na aktynowcach lub metalloenzymach, na co wskazuje wzrost aktywności enzymów wywołany rutylem. [15,16] Aktywność heksokinazy glikolitycznej w archaealach została zwiększona. Część wykrytej podwyższonej aktywności heksokinazy glikolitycznej to człowiek. Archaiki mogą ulegać mineralizacji magnetytu i węglanu wapnia i mogą występować jako zwapnione nanoformy. [17]

Archaea może indukować gospodarza AKT PI3K, AMPK, HIF alpha i NFKB wytwarzając fenotyp metaboliczny Warburga. [18] Zwiększona aktywność heksokinazy glikolowej wskazuje na wytwarzanie fenotypu Warburga. Generacja fenotypu Warburga wynika z aktywacji HIF alfa. Stymuluje to glikolizę beztlenową, hamuje dehydrogenazę pirogronianową, hamuje fosforylację oksydacyjną mitochondriów, stymuluje heme-tlenazę, stymuluje VEGF i aktywuje syntazę tlenku azotu. Może to prowadzić do zwiększonej proliferacji komórek i złośliwych przemian. Heksokinaza w mitochondrialnych porach PT jest zwiększona, co prowadzi do proliferacji komórek. Następuje indukcja glikolizy, hamowanie aktywności PDH i dysfunkcja mitochondriów, co prowadzi do niewydolności energetycznej i zespołu metabolicznego. Cytokiny generowane przez archaiki i wiroidy mogą prowadzić do indukowanej przez TNF alfa insulinooporności i zespołu metabolicznego x. Wzrost glikolizy może aktywować dehydrogenazę fosforanową gliceraldehydu 3, która po poliadenylacji zostaje przeniesiona do jądra. Enzym PARP jest aktywowany przez stres redoks spowodowany glikolizą. Może to prowadzić do śmierci komórki jądrowej i degeneracji neuronów. Wzrost enzymu glikolizującego fruktozy 1,6 difosfatazy powoduje wzrost szlaku fosforanu pentozy. To generuje NADPH, który aktywuje NOX. Aktywacja NOX jest związana z aktywacją NMDA i pobudzającą ekskotoksycznością glutaminianu. Prowadzi to do degeneracji neuronów. [18]

Wzrost glikolizy aktywuje enzym fruktozy 1,6 difosfatazy, który aktywuje szlak fosforanu pentozowego uwalniającego NADPH. Zwiększa to aktywność NOX generującą stres wywołany wolnymi rodnikami i H2O2. Stres wywołany wolnymi rodnikami jest związany z insulinoopornością i zespołem metabolicznym x. Wolne rodniki mogą aktywować NFKB wytwarzając aktywację immunologiczną i chorobę autoimmunologiczną. Wolne rodniki mogą otwierać mitochondrialne pory PT, produkować uwalnianie cyto C i aktywować kaskadę kaspazową. Powoduje to śmierć komórek i degenerację neuronów. Wolne rodniki mogą aktywować receptor NMDA i indukować enzym GAD generujący GABA. Aktywuje to szlak wzgórzowo-korowo-okostnowy NMDA/GABA pośredniczący w świadomej percepcji. Zwiększone wytwarzanie wolnych rodników może również inicjować schizofrenię. Wolne rodniki mogą również powodować aktywację onkogenną i złośliwe przemiany. Wolne rodniki mogą wytwarzać hamowanie HDAC i generację HERV. Enkapsulacja cząsteczek HERV w pęcherzykach fosfolipidów może pośredniczyć w generowaniu zespołu nabytego niedoboru odporności. Wolne rodniki mogą również sprzyjać aterogenezie. [18]

Limfocyty są uzależnione od glikolizy w zakresie potrzeb energetycznych. Wzrost glikolizy dzięki indukcji fenotypu Warburga może prowadzić do aktywacji immunologicznej. Aktywacja immunologiczna może prowadzić do choroby autoimmunologicznej. TNF alfa może aktywować receptor NMDA, prowadząc do pobudzenia glutaminianów i degeneracji neuronów. TNF alfa aktywujący receptor NMDA może przyczynić się do rozwoju schizofrenii. TNF alfa może indukować ekspresję cząstek HERV przyczyniając się do powstania zespołu nabytego niedoboru odporności. Aktywacja immunologiczna związana jest również z transformacją złośliwą za pośrednictwem NFKB. TNF alfa może również oddziaływać na receptor insulinowy wytwarzający insulinooporność. Aktywacja NOX wynikająca z generacji fenotypu Warburga aktywuje również receptor insulinowy. Istnieje zatem stan hiperinsulinemiczny prowadzący do wystąpienia zespołu metabolicznego x. [18]

Tak więc indukcja fenotypu Warburga może prowadzić do złośliwości, choroby autoimmunologicznej, zespołu metabolicznego x, choroby neuropsychiatrycznej i zwyrodnienia neuronów. Fenotyp Warburga prowadzi do zahamowania dehydrogenazy pirogronianowej i akumulacji pirogronianu. Nagromadzony pirogronian wchodzi w drogę bocznikową GABA i jest przekształcany w cytrynian, który jest aktywowany przez lizę cytrynianową i przekształcany w acetyl CoA, wykorzystywany do syntezy cholesterolu. Pirogronian może być przekształcony w glutaminian i amoniak, który jest utleniany przez archaiki dla potrzeb energetycznych. Podwyższony poziom cholesterolu w podłożu prowadzi do zwiększonego wzrostu archeologicznego i dalszej indukcji fenotypu Warburga. [18]

Referencje

1 Hanold D., Randies, J.W. (1991). Coconut cadang-cadang disease and its viroid agent, *Plant Disease,* 75, 330-335.

2 Valiathan M.S., Somers, K., Kartha, C.C. (1993). *Endomyocardial Fibrosis.* Delhi: Oxford University Press.

3 Edwin B.T., Mohankumaran, C. (2007). Kerala wilczyca phytoplasma: Phylogenetic analysis and identification of a vector, *Proutista moesta, Physiological and Molecular Plant Pathology,* 71(1-3), 41-47.

4 Kurup R., Kurup, P.A. (2009). *Hypothalamic digoxin, cerebral dominance and brain function in health and diseases.* Nowy Jork: Nova Science Publishers.

5 Eckburg P.B., Lepp, P.W., Relman, D.A. (2003). Archaea and their potential role in human disease, *Infect Immun,* 71, 591-596.

6 Smit A., Mushegian, A. (2000). Biosynteza izoprenoidów poprzez mewalonian w Archaea: the lost pathway, *Genome Res,* 10(10), 1468-84.

7 Adam Z. (2007). Actinides and Life's Origins, *Astrobiology,* 7, 6-10.

8 Schoner W. (2002). Endogenous cardiac glycosides, a new class of steroid hormones, *Eur J Biochem,* 269, 2440-2448.

9 Davies P.C.W., Benner, S.A., Cleland, C.E., Lineweaver, C.H., McKay, C.P., Wolfe-Simon, F. (2009). Podpisy Shadow Biosphere, *Astrobiology,* 10, 241-249.

10 Richmond W. (1973). Preparation and properties of a cholesterol oxidase from nocardia species and its application to the enzymatic assay of total cholesterol in serum, *Clin Chem,* 19, 1350-1356.

11 Snell E.D., Snell, C.T. (1961). *Colorimetric Methods of Analysis.* Vol. 3A. Nowy Jork: Van NoStrand.

12 Glick D. (1971). *Metody analizy biochemicznej.* Vol. 5. Nowy Jork: Interscience Publishers.

13 Colowick, Kaplan, N.O. (1955). *Metody w enzymologii.* Tom 2. Nowy Jork: Prasa akademicka.

14 Van der Geize R., Yam, K., Heuser, T., Wilbrink, M.H., Hara, H., Anderton, M.C. (2007). A gene cluster encoding cholesterol catabolism in a soil actinomycete provides insight into Mycobacterium tuberculosis survival in macrophages, *Proc Natl Acad Sci USA,* 104(6), 1947-52.

15 Francis A.J. (1998). Biotransformacja uranu i innych aktynowców w odpadach radioaktywnych, *Journal of Alloys and Compounds,* 271(273), 78-84.

16 Probian C., Wülfing, A., Harder, J. (2003). Anaerobic mineralization of quaternary carbon atoms: Isolation of denitrifying bacteria on pivalic acid (2,2-Dimethylpropionic acid), *Applied and Environmental Microbiology,* 69(3), 1866-1870.

17 Vainshtein M., Suzina, N., Kudryashova, E., Ariskina, E. (2002). New Magnet-Sensitive Structures in Bacterial and Archaeal Cells, *Biol Cell,* 94(1), 29-35.

18 Wallace D.C. (2005). Mitochondria i rak: Warburg Addressed, *Cold Spring Harbor Symposia on Quantitative Biology,* 70, 363-374.

ROZDZIAŁ 3

ENDOSYMBIOTYCZNY AKTYNOIDALNY ZESPÓŁ ARCHAICZNEGO CHOLESTEROLU KATABOLICZNEGO - HIPOCHOLESTEROLEMIA I CHOROBY LUDZKIE

Wprowadzenie

Archaiki aktynowców uczestniczą w patogenezie schizofrenii, nowotworów, zespołu metabolicznego x, choroby autoimmunologicznej i zwyrodnienia neuronów. [1-9] Prymitywne organizmy oparte na aktynowcach, takie jak archaiki, mają szlak mewalonatowy i katabolizm cholesterolowy. Katabolizm cholesterolowy w archaikach aktynowych może prowadzić do zubożenia cholesterolu i stanu hipocholesterolemicznego przyczyniającego się do patogenezy tych zaburzeń. [10-17]

Archaea może wykorzystywać cholesterol jako źródło węgla i energii. Archeologiczny katabolizm cholesterolowy może prowadzić do wielu chorób ogólnoustrojowych. Niskie wartości cholesterolu w populacjach są związane z wysoką śmiertelnością. Zbadano enzymy powodujące katabolizm cholesterolu w archaeach i przedstawiono wyniki tych badań w niniejszej pracy. Można to opisać jako endosymbiotyczny aktynoidalny zespół kataboliczny cholesterolu aktynowego. [10-17]

Materiały i metody

Badaniami objęto następujące grupy: - włóknienie śródmięśniowe, choroba Alzheimera, stwardnienie rozsiane, chłoniak nieziarniczy, zespół metaboliczny x z zakrzepicą naczyń mózgowych i chorobą wieńcową, schizofrenia, autyzm, zaburzenia napadowe, choroba Creutzfeldta Jakoba oraz zespół nabytego niedoboru odporności. W każdej grupie znajdowało się 10 pacjentów, a każdy z nich miał dopasowaną do wieku i płci zdrową kontrolę wybraną losowo z populacji ogólnej. Próbki krwi pobierano w stanie postu przed rozpoczęciem leczenia. Zastosowano osocze z krwi heparynizowanej na czczo, a protokół doświadczalny był następujący (I) Osocze+fosforan buforowany solą fizjologiczną, (II) taki sam jak substrat I+cholesterolowy, (III) taki sam jak II+rutyl 0,1 mg/ml, (IV) taki sam jak II+profloksacyna i doksycyklina, każda w stężeniu 1 mg/ml. Podłoże cholesterolowe zostało przygotowane w sposób opisany przez Richmond. [18] Alikwoty wycofywano w czasie zerowym bezpośrednio po zmieszaniu i po inkubacji w temperaturze 37 ^{oC} przez 1 godzinę. Przeprowadzono następujące oceny: - Cyklochrom F420, wielopierścieniowy węglowodór aromatyczny, digoksynę, kwas żółciowy, aktywność oksydazy cholesterolowej mierzoną uwalnianiem nadtlenku wodoru, pirogronian, maślan i propionian. [19-21] Cyktochrom F420 oceniono metodą mąskometryczną (długość fali wzbudzenia 420 nm i długość fali emisji 520 nm). Wielopierścieniowe węglowodory aromatyczne oceniano poprzez pomiar nadtlenku wodoru uwalnianego za pomocą odczynnika glukozowego. Do badań uzyskano świadomą zgodę osób badanych oraz zgodę komisji etycznej. Analiza statystyczna została przeprowadzona przez ANOVA.

Wyniki

W osoczu osób z grupy kontrolnej stwierdzono zwiększony poziom wyżej wymienionych parametrów po inkubacji przez 1 godzinę i dodaniu substratu cholesterolowego, co spowodowało dalszy znaczący wzrost tych parametrów. Osocze chorych wykazywało podobne wyniki, ale stopień wzrostu był większy. Dodatek antybiotyków do osocza kontrolnego powodował spadek wszystkich parametrów, natomiast dodatek rutylu zwiększał ich poziom. Dodatek antybiotyków do osocza pacjenta spowodował spadek wszystkich parametrów, podczas gdy dodatek rutylu zwiększył ich poziom, ale zakres zmian był większy w osoczu pacjenta w porównaniu z grupą kontrolną. Wyniki są wyrażone w tabelach 1-4 jako procentowa zmiana parametrów po 1 godzinie inkubacji w porównaniu do wartości w czasie zerowym.

Tabela 1. Wpływ rutylu i antybiotyków na cytochrom F420 i PAH

Grupa	**CYT F420 %** (Zwiększyć za pomocą Rutylu)		**CYT F420 %** (Zmniejszyć za pomocą Doxy+Cipro)		**WWA % zmiana** (Zwiększyć za pomocą Rutylu)		**WWA % zmiana** (Zmniejszyć za pomocą Doxy+Cipro)	
	Mean	**± SD**	**Mean**	**± SD**	**Mean**	**± SD**	**Mean**	**± SD**
Normalny	4.48	0.15	18.24	0.66	4.45	0.14	18.25	0.72
Schizo	23.24	2.01	58.72	7.08	23.01	1.69	59.49	4.30
Zajęcie	23.46	1.87	59.27	8.86	22.67	2.29	57.69	5.29
AD	23.12	2.00	56.90	6.94	23.26	1.53	60.91	7.59
MS	22.12	1.81	61.33	9.82	22.83	1.78	59.84	7.62
NHL	22.79	2.13	55.90	7.29	22.84	1.42	66.07	3.78
DM	22.59	1.86	57.05	8.45	23.40	1.55	65.77	5.27
AIDS	22.29	1.66	59.02	7.50	23.23	1.97	65.89	5.05
CJD	22.06	1.61	57.81	6.04	23.46	1.91	61.56	4.61
Autyzm	21.68	1.90	57.93	9.64	22.61	1.42	64.48	6.90
EMF	22.70	1.87	60.46	8.06	23.73	1.38	65.20	6.20
	F wartość 306,749 Wartość P < 0,001		Wartość F 130,054 Wartość P < 0,001		F wartość 391,318 Wartość P < 0,001		F wartość 257,996 Wartość P < 0,001	

Tabela 2. Wpływ rutylu i antybiotyków na wytwarzanie maślanu i propionianu z cholesterolu

Grupa	**Maślan % zmiana** (Zwiększyć za pomocą Rutylu)		**Maślan % zmiana** (Zmniejszyć za pomocą Doxy+Cipro)		**Propionian % zmiana** (Zwiększyć za pomocą Rutylu)		**Propionian % zmiana** (Zmniejszyć za pomocą Doxy+Cipro)	
	Mean	**+ SD**	**Mean**	**+ SD**	**Mean**	**+ SD**	**Mean**	**+ SD**
Normalny	4.43	0.19	18.13	0.63	4.40	0.10	18.48	0.39
Schizo	22.50	1.66	60.21	7.42	22.52	1.90	66.39	4.20
Zajęcie	23.81	1.19	61.08	7.38	22.83	1.90	67.23	3.45
AD	22.65	2.48	60.19	6.98	23.67	1.68	66.50	3.58
MS	21.14	1.20	60.53	4.70	22.38	1.79	67.10	3.82
NHL	23.35	1.76	59.17	3.33	23.34	1.75	66.80	3.43
DM	23.27	1.53	58.91	6.09	22.87	1.84	66.31	3.68
AIDS	23.32	1.71	63.15	7.62	23.45	1.79	66.32	3.63
CJD	22.86	1.91	63.66	6.88	23.17	1.88	68.53	2.65
Autyzm	23.52	1.49	63.24	7.36	23.20	1.57	66.65	4.26
EMF	23.29	1.67	60.52	5.38	22.29	2.05	61.91	7.56
	F wartość 380,721 Wartość P < 0,001		F wartość 171,228 Wartość P < 0,001		F wartość 372,716 Wartość P < 0,001		F wartość 556,411 Wartość P < 0,001	

Tabela 3. Wpływ rutylu i antybiotyków na digoksynę i kwasy żółciowe

Grupa	**Digoksyna** (ng/ml) (Zwiększyć za pomocą Rutylu)		**Digoksyna** (ng/ml) (Zmniejszyć za pomocą Doxy+Cipro)		**Kwasy żółciowe % zmiana** (Zwiększyć za pomocą Rutylu)		**Kwasy żółciowe % zmiana** (Zmniejszyć za pomocą Doxy+Cipro)	
	Mean	**+ SD**	**Mean**	**+ SD**	**Mean**	**+ SD**	**Mean**	**+ SD**
Normalny	0.11	0.00	0.054	0.003	4.29	0.18	18.15	0.58
Schizo	0.55	0.06	0.219	0.043	23.20	1.87	57.04	4.27
Zajęcie	0.51	0.05	0.199	0.027	22.61	2.22	66.62	4.99
AD	0.55	0.03	0.192	0.040	22.12	2.19	62.86	6.28
MS	0.52	0.03	0.214	0.032	21.95	2.11	65.46	5.79
NHL	0.54	0.04	0.210	0.042	22.98	2.19	64.96	5.64
DM	0.47	0.04	0.202	0.025	22.87	2.58	64.51	5.93
AIDS	0.56	0.05	0.220	0.052	22.29	1.47	64.35	5.58
CJD	0.53	0.06	0.212	0.045	23.30	1.88	62.49	7.26
Autyzm	0.53	0.08	0.205	0.041	22.21	2.04	63.84	6.16
EMF	0.51	0.05	0.213	0.033	23.41	1.41	58.70	7.34
	F wartość 135,116 Wartość P < 0,001		F wartość 71,706 Wartość P < 0,001		F wartość 290,441 Wartość P < 0,001		F wartość 203,651 Wartość P < 0,001	

Tabela 4. Wpływ rutylu i antybiotyków na pirogronian i nadtlenek wodoru

Grupa	**Pirwat % zmiana** (Zwiększyć za pomocą Rutylu)		**Pirwat % zmiana** (Zmniejszyć za pomocą Doxy+Cipro)		**H2O2 %** (Zwiększyć za pomocą Rutylu)		**H2O2 %** (Zmniejszyć za pomocą Doxy+Cipro)	
	Mean	**+ SD**	**Mean**	**+ SD**	**Mean**	**+ SD**	**Mean**	**+ SD**
Normalny	4.34	0.21	18.43	0.82	4.43	0.19	18.13	0.63
Schizo	20.99	1.46	61.23	9.73	22.50	1.66	60.21	7.42
Zajęcie	20.94	1.54	62.76	8.52	23.81	1.19	61.08	7.38
AD	22.63	0.88	56.40	8.59	22.65	2.48	60.19	6.98
MS	21.59	1.23	60.28	9.22	21.14	1.20	60.53	4.70
NHL	21.19	1.61	58.57	7.47	23.35	1.76	59.17	3.33
DM	20.67	1.38	58.75	8.12	23.27	1.53	58.91	6.09
AIDS	21.21	2.36	58.73	8.10	23.32	1.71	63.15	7.62
CJD	21.07	1.79	63.90	7.13	22.86	1.91	63.66	6.88
Autyzm	21.91	1.71	58.45	6.66	23.52	1.49	63.24	7.36
EMF	22.29	2.05	62.37	5.05	23.29	1.67	60.52	5.38
	Wartość F 321,255 Wartość P < 0,001		F wartość 115,242 Wartość P < 0,001		F wartość 380,721 Wartość P < 0,001		F wartość 171,228 Wartość P < 0,001	

Dyskusja

Nastąpił wzrost cytochromu F420 wskazujący na wzrost archeologiczny. Archaiowie mogą syntezować i wykorzystywać cholesterol jako źródło węgla i energii. [22-24] Archealne pochodzenie aktywności enzymu zostało wskazane przez tłumienie wywołane antybiotykiem. Badanie wskazuje na obecność w układzie archaiki opartej na aktynowcach z alternatywnymi enzymami opartymi na aktynowcach lub metalloenzymach, na co wskazuje wzrost aktywności enzymów wywołany rutylem. [22-24] Zwiększono aktywność archaicznej dehydrogenazy beta-hydroksylosteroidowej wskazującej na syntezę digoksyny oraz archaiczną aktywność hydroksylazy cholesterolu wskazującą na syntezę kwasu żółciowego. [22-24] Aktywność oksydazy cholesterolowej została zwiększona, co doprowadziło do wytworzenia pirogronianu i nadtlenku wodoru. [22-24] Pirogronian ulega konwersji do glutaminianu i amoniaku na drodze bocznikowej GABA. Wykryto również archeologiczne aromatyzacji cholesterolu generującego WWA. [22-24] Wskazuje to na archeologiczną aktywność aromatazy cholesterolowej. Archealna aktywność oksydazy w łańcuchu bocznym cholesterolu generuje maślan i propionian. Archaeal cholesterol oxidase, cholesterol aromatase, cholesterol side chain oxidase, cholesterol hydroxylase and beta hydroxyl steroid dehydrogenase activity were detected in high levels in the patient population of endomyocardial fibrosis, Alzheimer's disease, multiple sclerosis, non-Hodgkin's lymphoma, metabolic syndrome x with cerebrovascular thrombosis and coronary artery disease, schizophrenia, autism, seizure disorder, Creutzfeldt Jakob's disease and acquired immunodeficiency syndrome.

Archeologiczne enzymy katabolizujące cholesterol były zależne od aktynowców. Archaiki mogą ulegać mineralizacji magnetytu i węglanu wapnia i mogą występować jako zwapnione nanoformy. [25] Prowadzi to do stanu wyczerpania cholesterolu i zespołu hipocholesterolemicznego u pacjentów ze schizofrenią, złośliwością, zespołem metabolicznym x, chorobą autoimmunologiczną i zwyrodnieniem neuronów.

Niski poziom cholesterolu jest związany z wieloma chorobami układowymi. Niski poziom cholesterolu jest wykrywany u chorych z autyzmem i schizofrenią. Niski poziom cholesterolu jest również związany z degeneracjami neuronów, takimi jak choroba Alzheimera i choroba Parkinsona. Cholesterol jest wymagany do tworzenia połączeń synaptycznych w kulturach neuronalnych. Wyczerpanie się cholesterolu z mózgu powoduje utratę łączności synaptycznej w wielu obwodach neuronalnych, przyczyniając się do zaburzeń neuropsychiatrycznych i zwyrodnienia neuronów. Niski poziom cholesterolu jest również związany z chorobami nowotworowymi. Cholesterol jest niezbędny do zahamowania kontaktu. Brak cholesterolu powoduje utratę zahamowania kontaktu i niekontrolowaną proliferację komórek. Niski poziom cholesterolu jest związany z chorobą autoimmunologiczną. [10-17]

Endotoksyny i lipopolisacharydy jelitowe są wchłaniane wraz z tłuszczem, tworząc zespół endotoksemii metabolicznej. Endotoksyny i lipopolisacharydy mogą łączyć się z lipoproteinami i ulegają detoksykacji. Metaboliczna endotoksemia wytwarza chroniczną aktywację immunologiczną i wytwarzanie superantygenów. Jest to związane z genezą choroby autoimmunologicznej. Skutkiem endotoksemii metabolicznej jest aktywacja immunologiczna i generowanie TNF alfa, który moduluje receptor insulinowy wytwarzając insulinooporność. Insulinooporność jest związana z zespołem metabolicznym x i zakrzepicą naczyniową. Endotoksemia metaboliczna związana jest z degeneracjami neuronów, takimi jak choroba Alzheimera i choroba Parkinsona. Metaboliczna endotoksemia związana z przewlekłą aktywacją immunologiczną napędza stan retroviralny. Metaboliczna endotoksemia może wywołać NFKB, który może napędzać transformację złośliwych komórek. Hipocholesterolemia prowadzi więc do niedotlenienia endotoksyn i lipopolisacharydów, co prowadzi do wystąpienia zespołu metabolicznego x, zwyrodnień neuronów i chorób autoimmunologicznych. [10-17]

Zakażenia były związane ze schizofrenią, złośliwością, zespołem metabolicznym x, chorobą autoimmunologiczną i zwyrodnieniem neuronów. Zakażenie H. pylori i nocardioza były związane z chorobą Parkinsona. Zakażenie chlamydiami i aktynomikoza były związane z chorobą Alzheimera. Infekcja klostridialna jest związana z neuronową chorobą motoryczną. Nietypowa infekcja prątkowa była związana z chorobą nowotworową, taką jak chłoniak. Infekcje gronkowcowe były związane z rakiem piersi. Infekcje bakteryjne jelitowe były związane z chorobą reumatoidalną. Toksoplazmoza była związana ze schizofrenią. Bakterie jelitowe ze zwiększonym stężeniem firmicutów jelitowych i zmniejszeniem ilości bakterii są związane z zespołem metabolicznym x. Zakażenia chlamydiami są związane z chorobami naczyniowymi. Niski poziom cholesterolu prowadzi do braku wiązania lipoprotein z endotoksynami. [10-17] Endotoksyny i lipopolisacharydy nie są poddawane detoksykacji.

Choroby wirusowe związane są z patogenezą schizofrenii, nowotworów, zespołu metabolicznego x, choroby autoimmunologicznej i zwyrodnienia neuronów. Wirus łączy się z mikrodomenami lipidowymi w błonie komórkowej. Zubożenie cholesterolu prowadzi do zmian w mikrodomenach lipidowych i zwiększonego wnikania wirusa do komórki. Zakażenie wirusem opryszczki i choroba wywołana wirusem boreny prowadzi do schizofrenii. Zakażenie wirusem Entero jest związane z chorobą neuronów ruchowych. Zakażenie wirusem koronowym predysponuje do choroby Parkinsona. Infekcja wirusem opryszczkowym jest związana z chorobą Alzheimera. Zakażenie wirusem opryszczki i zakażenie wirusem EBV predysponuje do tru. Infekcje retrowirusowe - egzogenne i endogenne związane są ze schizofrenią, złośliwością, zespołem metabolicznym x, chorobą autoimmunologiczną i zwyrodnieniem neuronów. Zakażenie CMV i zakażenie opryszczką jest związane z aterogenezą. Choroba prionowa związana jest ze zmianami w metabolizmie cholesterolu. Tak więc stan zubożenia cholesterolu może prowadzić do zwiększonej predyspozycji do infekcji wirusowej i choroby ogólnoustrojowej. [10-17]

Archaika aktynowców wykorzystuje katabolizm cholesterolowy do generowania energii. Enzymy katabolizujące cholesterol w archaikach są zależne od aktynowców. Archaiczny katabolizm cholesterolowy prowadzi do stanu zubożenia cholesterolu i choroby systemowej. Stan zubożania cholesterolu jest związany z wysoką śmiertelnością. Można to opisać jako endosymbiotyczny aktynoidalny zespół kataboliczny cholesterolu w aktynowcach. [10-17]

Referencje

1 Hanold D., Randies, J.W. (1991). Coconut cadang-cadang disease and its viroid agent, *Plant Disease,* 75, 330-335.

2 Valiathan M.S., Somers, K., Kartha, C.C. (1993). *Endomyocardial Fibrosis.* Delhi: Oxford University Press.

3 Edwin B.T., Mohankumaran, C. (2007). Kerala wilczyca phytoplasma: Phylogenetic analysis and identification of a vector, *Proutista moesta, Physiological and Molecular Plant Pathology,* 71(1-3), 41-47.

4 Kurup R., Kurup, P.A. (2009). *Hypothalamic digoxin, cerebral dominance and brain function in health and diseases.* Nowy Jork: Nova Science Publishers.

5 Eckburg P.B., Lepp, P.W., Relman, D.A. (2003). Archaea and their potential role in human disease, *Infect Immun,* 71, 591-596.

6 Smit A., Mushegian, A. (2000). Biosynteza izoprenoidów poprzez mewalonian w Archaea: the lost pathway, *Genome Res,* 10(10), 1468-84.

7 Adam Z. (2007). Actinides and Life's Origins, *Astrobiology,* 7, 6-10.

8 Schoner W. (2002). Endogenous cardiac glycosides, a new class of steroid hormones, *Eur J Biochem,* 269, 2440-2448.

9 Davies P.C.W., Benner, S.A., Cleland, C.E., Lineweaver, C.H., McKay, C.P., Wolfe-Simon, F. (2009). Podpisy Shadow Biosphere, *Astrobiology,* 10, 241-249.

10 Marini, A., Carulli, G., Azzarà, A., Grassi, B., Ambrogi, F. (1989). Cholesterol i trójglicerydy w surowicy krwi w nowotworach hematologicznych. *Acta Haematol,* 81(2), 75-9.

11 Jacobs, D., Blackburn, H., Higgins, M. (1992). Report of the Conference on Low Blood Cholesterol: Związki Śmiertelne. *Circulation,* 86(3), 1046-60.

12 Suarez, E.C. (1999). Relacje depresji cech i lęku do niskich stężeń lipidów i lipoprotein u zdrowych młodych dorosłych kobiet. *Psychosom Med,* 61 (3), 273-9.

13 Woo, D., Kissela, B.M., Khoury, J.C. (2004). Hypercholesterolemia, inhibitory reduktazy HMG-CoA i ryzyko krwawienia wewnątrzmózgowego: badanie kontrolne. Stroke, 35(6), 1360-4.

14 Schatz, I.J., Masaki, K., Yano, K., Chen, R., Rodriguez, B.L., Curb, J.D. (2001). Cholesterol i wszechprzyczynowa śmiertelność u osób starszych z Honolulu Heart Program: badanie kohortowe. *Lancet,* 358 (9279), 351-5.

15 Onder, G., Landi, F., Volpato, S. (2003). Serum cholesterol levels and in-hospital mortality in the elderly. *Am J Med,* 115(4), 265-71.

16 Gordon, B.R., Parker, T.S., Levine, D.M. (2001). Relation of hypolipidemia to cytokine concentrations and outcomes in critically ill surgical patients. *Crit Care Med,* 29(8), 1563-8.

17 Jacobs, Jr., D.R., Iribarren, C. (2000). Low Cholesterol and Nonatherosclerotic Disease Risk: A Persistently Perplexing Question. *American Journal of Epidemiology,* Vol. 151, No. 8.

18 Richmond W. (1973). Preparation and properties of a cholesterol oxidase from nocardia species and its application to the enzymatic assay of total cholesterol in serum, *Clin Chem,* 19, 1350-1356.

19 Snell E.D., Snell, C.T. (1961). *Colorimetric Methods of Analysis.* Vol. 3A. Nowy Jork: Van NoStrand.

20 Glick D. (1971). *Metody analizy biochemicznej.* Vol. 5. Nowy Jork: Interscience Publishers.

21 Colowick, Kaplan, N.O. (1955). *Metody w enzymologii.* Tom 2. Nowy Jork: Prasa akademicka.

22 Van der Geize R., Yam, K., Heuser, T., Wilbrink, M.H., Hara, H., Anderton, M.C. (2007). A gene cluster encoding cholesterol catabolism in a soil actinomycete provides insight into Mycobacterium tuberculosis survival in macrophages, *Proc Natl Acad Sci USA,* 104(6), 1947-52.

23 Francis A.J. (1998). Biotransformacja uranu i innych aktynowców w odpadach radioaktywnych, *Journal of Alloys and Compounds,* 271(273), 78-84.

24 Probian C., Wülfing, A., Harder, J. (2003). Anaerobic mineralization of quaternary carbon atoms: Isolation of denitrifying bacteria on pivalic acid (2,2-Dimethylpropionic acid), *Applied and Environmental Microbiology,* 69(3), 1866-1870.

25 Vainshtein M., Suzina, N., Kudryashova, E., Ariskina, E. (2002). New Magnet-Sensitive Structures in Bacterial and Archaeal Cells, *Biol Cell,* 94(1), 29-35.

ROZDZIAŁ 4

ARCHAEAL DIGOKSYNA, TRYPTOFAN/TYROZYNA WZORCE KATABOLICZNE, SYNTEZA UBICHINONU I DYSFUNKCJA MITOCHONDRIÓW

Aminokwasy są znane jako prekursory wielu ważnych biologicznie substancji, w tym wielu związków neuroaktywnych. Najważniejsze pod tym względem są aminokwasy aromatyczne L-tryptofan i L-tyrozyna. L-tryptofan jest prekursorem nie tylko serotoniny, dobrze znanego neuroprzekaźnika, ale również dwóch innych substancji neuroaktywnych: kwasu chinolinowego i kwasu kunurenowego. L-tyrozyna jest prekursorem dopaminy i innych amin katecholowych. Zmiany w katabolizmie tryptofanowym zgłaszano w zaburzeniach neurodegeneracyjnych, takich jak choroba Huntingtona. Dostępnych jest bardzo niewiele doniesień na temat metabolizmu tyrozyny w tych zaburzeniach. Morfina, neurotransmiter alkaloidalny, jest syntetyzowany z tyrozyny. Ostatnio odnotowano obecność endogennej strychniny i nikotyny w mózgu szczurów obciążonych tryptofanem.

Wiadomo, że poziom wolnego tryptofanu we krwi może wpływać na transport tyrozyny przez barierę mózgową krwi do mózgu i odwrotnie, ponieważ oba te aminokwasy mają te same systemy transportu i konkurują ze sobą. Para-amino benzoesowa cząsteczka kwasu ubichinonowego pochodzi z tyrozyny. Niski poziom tyrozyny może prowadzić do wadliwej syntezy ubichinonu i dysfunkcji mitochondriów. Wiadomo również, że endogenna digoksyna syntetyzowana przez podwzgórze i inne organy wpływa na transport różnych substancji, w tym neuroprzekaźników i aminokwasów, a zatem poziom digoksyny może wpływać na stężenie tych substancji w mózgu. Digoksyna może hamować neutralny transport aminokwasów za pośrednictwem błony komórkowej tyrozyny i stymulować transport tryptofanu. Ten glikozyd steroidowy jest produktem szlaku izoprenoidalnego i funkcjonowanie tego szlaku może wpływać na poziom digoksyny. Archaika endosymbiotyczna wykorzystuje cholesterol do swojej energii i wyczerpuje cholesterol z systemu. Archaea syntetyzuje digoksynę z cholesterolu. Ubichinon (antyoksydant membranowy i składnik mitochondrialnego łańcucha transportu elektronów) jest również produktem ścieżki izoprenoidalnej i tyrozyny w prekursorze jego aromatycznej części pierścieniowej. Niedobór ubichinonu odnotowano w niektórych zaburzeniach neurologicznych.

W związku z tym podjęto badania nad katabolizmem tryptofanu i tyrozyny w odniesieniu do drogi izoprenoidalnej w niektórych zaburzeniach neurologicznych i psychiatrycznych, ze szczególnym uwzględnieniem neuroprzekaźnika i innych substancji neuroaktywnych. Badane zaburzenia obejmowały pierwotną padaczkę uogólnioną, schizofrenię, stwardnienie rozsiane, glejaka OUN, chorobę Parkinsona oraz zespół X ze stanem rozsianym lukunarycznym. Do badań włączono również grupę rodzinną (rodzinę z rodzinnym współistnieniem schizofrenii, choroby Parkinsona, pierwotnej padaczki uogólnionej, nowotworów złośliwych, reumatoidalnego zapalenia stawów i zespołu X w ciągu trzech generacji). Wyniki zostały omówione w niniejszej pracy.

Wyniki

(1) Stężenie tryptofanu, tyrozyny, neuroprzekaźników, kwasu chinolinowego, kwasu kynurenowego, wolnego kwasu tłuszczowego i albuminy w osoczu.

Stężenie tryptofanu w osoczu było istotnie większe u chorych ze wszystkimi badanymi zaburzeniami, w porównaniu z grupą kontrolną. Natomiast stężenie tyrozyny było istotnie niższe. Stężenie serotoniny i kwasu 5-hydroksyindoleoctowego w osoczu było wyższe, a katecholamin (dopaminy, adrenaliny i noradrenaliny) niższe. Stwierdzono wzrost zawartości wolnego kwasu tłuszczowego i spadek zawartości albumin w osoczu. Poziom kwasu chinolinowego i kwasu kynurenowego był wyższy w osoczu wszystkich pacjentów, przy czym wzrost kwasu kynurenowego był mniejszy niż w przypadku kwasu chinolinowego.

(2) Aktywność reduktazy HMG CoA i RBC Na+-K+ ATPazy/stężenie ubichinonu, digoksyny i magnezu

U chorych z tymi zaburzeniami obserwowano wzrost aktywności reduktazy HMG CoA i wzrost stężenia digoksyny w osoczu w porównaniu z osobami kontrolnymi. Aktywność membrany RBC Na+-K+ ATPazy wykazała istotny spadek u wszystkich tych pacjentów. Stężenie ubichinonu i magnezu w osoczu było istotnie niższe u wszystkich tych chorych.

(3) Poziom morfiny, strychniny i nikotyny w osoczu krwi

W surowicy osób kontrolowanych nie wykryto morfiny, strychniny ani nikotyny. Morfina nie była również wykrywalna w osoczu chorych z pierwotną padaczką uogólnioną, schizofrenią, glejakiem, zespołem PD X i grupą rodzinną, ale była wykrywalna w osoczu chorych z SM. Strychnina była wykrywalna w osoczu chorych z padaczką uogólnioną, schizofrenią, SM, zespołem X, grupą rodzinną i PD, natomiast nie była wykrywalna w osoczu chorych z glejakiem OUN. Nikotynę wykryto w osoczu chorych na padaczkę, schizofrenię, glejaka, chorobę Parkinsona, grupę rodzinną i zespół X, ale nie w SM.

Dyskusja

Wzrost aktywności reduktazy HMG CoA, kluczowego enzymu w ścieżce izoprenoidalnej we wszystkich tych zaburzeniach, sugeruje regulację tej ścieżki, która zgadza się ze wzrostem poziomu digoksyny, produktu tej ścieżki. Z drugiej strony, ubichinon, który jest również produktem tej ścieżki, jest zmniejszony. Może to wynikać prawdopodobnie z faktu, że mniej przedmiotowego prekursora (pirofosforanu farnezylu) jest kierowane do syntezy łańcucha bocznego ubichinonu. Może to być również spowodowane zmniejszeniem syntezy aromatycznej części pierścieniowej ubichinonu, która pochodzi z aromatycznego aminokwasu, tyrozyny. Spadek tyrozyny obserwowany w tych zaburzeniach potwierdza ten pogląd.

Para-amino benzoesowa cząsteczka kwasu ubichinonowego pochodzi z tyrozyny. Niski poziom tyrozyny może prowadzić do wadliwej syntezy ubichinonu i dysfunkcji mitochondriów. Wiadomo również, że endogenna digoksyna syntetyzowana przez podwzgórze i inne organy wpływa na transport różnych substancji, w tym neuroprzekaźników i aminokwasów, a zatem poziom digoksyny może wpływać na stężenie tych substancji w mózgu. Digoksyna może hamować neutralny transport aminokwasów za pośrednictwem błony komórkowej tyrozyny i stymulować transport tryptofanu.

Ważne obserwacje w tym badaniu są następujące: a) wzrost poziomu archaicznej digoksyny w tych zaburzeniach, b) wzrost poziomu tryptofanu ze wzrostem wszystkich jego katabolitów (mianowicie serotoniny, kwasu 5-hydroksyindolooctowego, kwasu chinolinowego, kwasu kynurenowego, strychniny i nikotyny) we wszystkich badanych zaburzeniach, oraz c) spadek poziomu tyrozyny i jej katabolitów, mianowicie dopaminy, adrenaliny i noradrenaliny. Morfina, która pochodzi z tyrozyny, nie była wykrywalna w żadnym z tych zaburzeń, z wyjątkiem MS.

Wolne kwasy tłuszczowe konkurują z tryptofanem o wiązanie albuminy, a obserwowany w tych zaburzeniach wzrost wolnych kwasów tłuszczowych w osoczu może powodować mniejsze wiązanie tryptofanu, a w konsekwencji wzrost wolnego tryptofanu. Digoksyna jest zgłaszane do zwiększenia transmisji katecholaminergicznej i katecholaminy promować lipolizę z wynikającym z tego wzrostem wolnych kwasów tłuszczowych z konsekwentnym wzrostem wolnego tryptofanu i jego transportu. Spadek zawartości albumin wynikający z hamowania błony Na+-K+ ATPazy związanej z hipomagnezemią wywołaną blokadą syntezy białek może spowodować zmniejszenie jego wiązania z tryptofanem. Efektem netto wszystkich tych czynników jest to, że więcej wolnego tryptofanu jest dostępne do przekroczenia bariery mózgowej krwi. Spadek poziomu tyrozyny w osoczu u tych pacjentów może być wynikiem konkurencji między nim a tryptofanem o ten sam układ transportu, a prawdopodobnie także różnicującego efektu digoksyny w promowaniu transportu tryptofanu.

Hamowanie ATPazy Na+-K+ może również wynikać z obniżonego poziomu dopaminy, morfiny noradrenaliny i tyroksyny oraz zwiększonego poziomu serotoniny, nikotyny, strychniny i kwasu chinolinowego. Wiadomo, że zahamowanie tego enzymu prowadzi do wzrostu poziomu wapnia wewnątrzkomórkowego w wyniku wzrostu wymiany Na+-Ca++, zwiększonego wnikania wapnia przez napięciowy kanał wapniowy oraz zwiększonego uwalniania wapnia z wewnątrzkomórkowych zapasów wapnia w siateczce śródplazmatycznej. Wzrost poziomu wapnia wewnątrzkomórkowego poprzez wypieranie magnezu z miejsc jego wiązania prowadzi do zmniejszenia dostępności funkcjonalnej magnezu. Spadek magnezu hamuje dalej Na+-K+ ATPazę, ponieważ kompleks ATP-magnez jest faktycznym substratem dla reakcji, dlatego też dochodzi do stopniowego hamowania Na+-K+ ATPazy, wywołanego początkową zniewagą.

Zwiększone stężenie wapnia wewnątrzkomórkowego w neuronie postsynaptycznym może aktywować zależny od wapnia układ transdukcji sygnału NMDA. Neuroprzekaźnik błony komórkowej transportera glutaminianu w komórce glejowej i neuronie presynaptycznym jest sprzężony z gradientem sodu, który jest zaburzony przez hamowanie ATPazy Na+-K+, co powoduje zmniejszenie klirensu glutaminianu przez presynaptyczne i glejowe wychwycenie pod koniec transmisji synaptycznej. Dzięki temu mechanizmowi hamowanie błony Na+-K+ ATPazy może wspomagać transmisję glutaminianu. Strychnina wypiera glicynę z miejsca jej wiązania i hamuje hamującą transmisję glicergiczną w mózgu. Glicyna może swobodnie wiązać się z niewrażliwym na strychninę miejscem receptora NMDA i wspomagać transmisję NMDA. Hiperkatabolizm tryptofanu może więc powodować pobudzenie glutaminianów. Eksytotoksyczność NMDA jest związana z degeneracją neuronów, jak choroba Parkinsona. Jak wspomniano powyżej, jest to spowodowane wzrostem intraneuronalnego ładunku wapnia. Niski poziom tyrozyny może prowadzić do zmniejszenia syntezy dopaminy, co może prowadzić do wady w transmisji dopaminergicznej nigrostriatalnej, jak zaobserwowano w chorobie Parkinsona. Nikotyna może prowadzić do zwiększenia transmisji cholinergicznej i drżenia w chorobie Parkinsona. Eksytotoksyczność NMDA ma również wpływ na epileptogenezę. Hamowanie ATPazy Na+-K+ może prowadzić do napadowego przesunięcia depolaryzacji i epileptogenezy. Niedobór dopaminy i noradrenaliny przyczyniający się do epileptogenezy wynikającej z utraty ich działania hiperpolaryzacyjnego był zgłaszany wcześniej.

Tak więc zarówno hiperkatabolizm tryptofanowy, jak i hipokatabolizm tyrozynowy mogą prowadzić do stanu przeładowania wapniem intraneuronalnym i funkcjonalnego niedoboru magnezu z powodu hamowania błony Na+-K+ ATPazy. Hiperkatabolizm tryptofanu może prowadzić do zwiększonej dostępności acetylu CoA i regulacji drogi izoprenoidalnej, co prowadzi do zwiększonej biosyntezy endogennej digoksyny. Katabolizm tryptofanu oprócz kwasu chinolinowego prowadzi również do syntezy kwasu kynurenowego, który jest uważany za neuroprotekcyjny. Jednak poziom kwasu kynurenowego jest znacznie niższy niż kwasu chinolinowego, ponieważ ten pierwszy ma działanie neuroprotekcyjne, a więc dominuje neurotoksyczne działanie kwasu chinolinowego.

Zwiększony poziom wapnia w neuronach może aktywować zależną od wapnia ścieżkę transdukcji sygnału kalcyneuryny, która może wytwarzać aktywację komórek T i wydzielanie TNF alfa (Tumour necrosis factor alpha). TNF alfa może aktywować czynniki transkrypcyjne NFKB i AP-l prowadzące do indukcji genów prozapalnych i immunomodulacyjnych. Może to wyjaśniać aktywację immunologiczną opisaną w MS. TNF alfa może również wywołać apoptozę komórki poprzez aktywację proteazy kaspase-9 i ICE, która przekształca prekursor interleukiny-l beta w interleukinę-l beta. lnterleukina-l beta produkuje apoptozę oligodendrocytów, komórki tworzącej mielinę w SM. Beta interleukiny-l może również produkować apoptozę neuronu w zwyrodnieniu neuronów. Zaburzona apoptoza może również powodować wadliwą łączność synaptyczną, przyczyniając się do schizofrenii i padaczki. Apoptoza jest mediowana w inny sposób również przez zwiększoną ilość intraneuronalnego wapnia, który może otworzyć mitochondrialne pory PT. Prowadzi to również do dysregulacji objętości mitochondriów, co powoduje hiperosmolalność macierzy i rozszerzenie przestrzeni macierzy. Błona zewnętrzna mitochondriów pęka i uwalnia AIF (czynnik wywołujący apoptozę) oraz cyto C (cytochrom C), który aktywuje kaskadę kaspazową powodującą śmierć komórki.

Do dysfunkcji mitochondriów może przyczynić się rozproszenie fosforylacji oksydacyjnej spowodowanej otwarciem porów mitochondrialnych PT i zaburzeniem gradientu protonów, o którym mowa powyżej, wraz ze spadkiem zawartości ubichinonu wynikającym z niedoboru tyrozyny. Rozdzielenie fosforylacji oksydacyjnej prowadzi również do powstawania wolnych rodników. Ubichinon jest również pochłaniaczem wolnych rodników, a jego zmniejszony poziom może prowadzić do zmniejszenia ilości wolnych rodników. Wzrost wewnątrzkomórkowego wapnia może przyczynić się do zwiększenia generacji wolnych rodników aktywując syntazę tlenku azotu prowadząc do wzrostu formacji tlenku azotu, oraz aktywacji fosfolipazy A2 prowadząc do stymulacji metabolizmu kwasu arachidonowego generującego wolne rodniki. Wolne rodniki przyczyniają się do degeneracji neuronów i onkogenezy. Dysfunkcja mitochondriów została włączona do degeneracji neuronów.

Wewnątrzkomórkowy niedobór magnezu może prowadzić do zmniejszenia syntezy ATP i wadliwego tworzenia się fosforanu dolicholowego potrzebnego do N-glikozylacji, a także do zmniejszenia tworzenia się nukleozydowych cukrów difosforanowych do O-glikozylacji. Prowadzi to do wadliwej syntezy glikokoniugatu. Wadliwa glikozylacja endogennego antygenu glikoprotein mielinowych może prowadzić do wadliwego tworzenia się kompleksu antygenu MHC. Wadliwa prezentacja antygenu glikoproteiny mielinowej w komórce CD8 może wyjaśniać dysregulację immunologiczną w MS. Wadliwe glikoproteiny mogą prowadzić do zmienionego hamowania kontaktu i onkogenezy. Wadliwie przetworzone glikoproteiny mogą również opierać się lizosomalnemu trawieniu i kumulować się, prowadząc do degeneracji neuronów, jak w przypadku amyloidu. Wadliwe glikoproteiny mogą również powodować zaburzenia łączności synaptycznej i zaburzenia czynnościowe, takie jak padaczka i schizofrenia.

Zwiększony poziom wapnia wewnątrzkomórkowego poprzez aktywację fosfolipazy C-beta wytwarza DAG (glicerol diacylowy) aktywujący kinazę białkową C i kaskadę kinazy MAP stymulującą proliferację komórek. Spadek poziomu magnezu wewnątrzkomórkowego może prowadzić do dalszej dysfunkcji aktywności GTPazy podjednostki alfa białka G i aktywacji onkogenu RAS. Główny gen supresorowy guza to P53, który jest upośledzony z powodu wewnątrzkomórkowego niedoboru magnezu produkującego defekty fosforylacyjne. Wszystkie one prowadzą do onkogenezy.

Eksytotoksyczność NMDA spowodowana hamowaniem ATPazy sodowo-potasowej może przyczynić się do rozwoju schizofrenii. Strychnina poprzez blokowanie transmisji glicergicznej może przyczynić się do zmniejszenia transmisji hamującej w schizofrenii. Nikotyna poprzez interakcję z receptorami nikotynowymi może ułatwić uwalnianie dopaminy, promując transmisję dopaminergiczną w mózgu nawet w obecności niskich poziomów dopaminy. Niski poziom noradrenaliny i zwiększony poziom serotoniny zgadzają się z poprzednich raportów. Na tej podstawie można również wyjaśnić psychozy związane z rakiem i psychotyczne przejawy MS.

Niska aktywność RBC sodowo-potasowej ATPazy potasowej została wcześniej opisana w zespole X. Konsekwentny wzrost stężenia wapnia w komórce, zwłaszcza w komórce beta, może prowadzić do zwiększonego uwalniania insuliny z komórki beta. Niedobór magnezu w komórce i wzrost stanu przeciążenia wapniem może mieć następujące konsekwencje: (1) Wewnątrzkomórkowy komórkowy niedobór magnezu może prowadzić do dysfunkcji kinazy tyrozynowej białka, defektu receptora insulinowego, oraz (2) Zwiększony wewnątrzkomórkowy poziom wapnia może prowadzić do zwiększonej transdukcji sygnałów sprzężonych z białkiem G przeciwnych hormonów insulinowych - glukagonu, hormonu wzrostu i adrenaliny. Podwyższone wewnątrzkomórkowego wapnia może otworzyć mitochondrialnego PT porów produkujących dysfunkcję mitochondriów i zmniejszenie wewnątrzkomórkowego magnezu może hamować syntazę ATP. Zmniejszenie wewnątrzkomórkowego magnezu może również prowadzić do zahamowania cyklu glikolizy i kwasu cytrynowego. W ten sposób zmniejsza się wykorzystanie glukozy jako całości. Zwiększona ilość wapnia wewnątrzkomórkowego może zwiększyć transdukcję sygnału z receptora czynnika aktywującego płytki krwi sprzężonego z białkiem G i receptora trombinowego wytwarzającego zakrzepicę. Wewnątrzkomórkowy niedobór magnezu może również produkować skurcz naczyń krwionośnych, jak opisano w zespole X. Nikotyna jest znana z produkcji skurczu naczyń krwionośnych. Może również wytwarzać autonomiczną stymulację zwojów nerwowych, stymulację rdzenia nadnerczy oraz stymulację ciała szyjnego i aorty prowadzącą do nadciśnienia. Podawanie nikotyny powoduje również znaczące zmiany w metabolizmie lipidów.

Tak więc wzorce hiperkatabolizmu tryptofanu i hipokatabolizmu tyrozynowego można zauważyć w schizofrenii, padaczce pierwotnej uogólnionej, chorobie Parkinsona, stwardnieniu rozsianym, glejaku OUN i zespole X ze stanem rozsianym lunatycznym. W literaturze udokumentowano związek między zwyrodnieniem neuronów, zaburzeniami neuronalnymi o podłożu immunologicznym a funkcjonalnymi zaburzeniami neuropsychiatrycznymi. Opisaliśmy rodzinę, w której zaburzenia te współistnieją. Wykazano autoprzeciwciała w SM, neuronowej chorobie ruchowej, zespole paraneoplastycznym X, schizofrenii i padaczce.

Psychoza została opisana w MS. Choroba Parkinsona, epilepsja i zespół nowotworowy. Opisano związek między chłoniakiem Hodgkina i MS, chłoniakiem i MND, a transfuzją limfatyczną w chorobach autoimmunologicznych, takich jak nerwiak.

Referencje

1. Kurup RK, Kurup PA. *Hypothalamic Digoxin, Cerebral Dominance and Brain Function in Health and Diseases*. Nowy Jork: Nova Medical Books, 2009.

ROZDZIAŁ 5

ZESPÓŁ NIEDOBORU SELENU ZA POŚREDNICTWEM ENDOSYMBIOTYCZNEJ ARCHAIKI - AUTOIMMUNOLOGICZNA DYSFUNKCJA POLIENDOKRYNNA, KARDIOMIOPATIA, ANGIOPATIA ŚLUZÓWKOWA, AUTOIMMUNOLOGICZNA DEMENCJA, DYSAUTONOMIA, AUTOIMMUNOLOGICZNE ZAPALENIE WĄTROBY I KOMPLEKS ZWŁÓKNIENIA PŁUC

Endosymbiotyczne archaea może prowadzić do wyczerpania selenu z ludzkiego ciała, ponieważ potrzebuje selenu do syntezy metanogennych selenoprotein archeologicznych. Archaeal endosymbioza archaeal prowadzi do zespołu niedoboru selenu. Archealna endosymbioza i niedobór selenu może prowadzić do autoimmunologicznego zapalenia tarczycy Hashimoto, autoimmunologicznej demencji, choroby małych naczyń mózgowych i wodogłowie normalne ciśnienie. Archealna endosymbioza może prowadzić do autoimmunologicznego zapalenia wątroby i przewlekłej choroby wątroby, a także śródmiąższowej choroby płuc. Endosymbiotyczne archaiki mogą również wywoływać zespół dysautonomiczny. Może również wywoływać wieloskładnikową dysfunkcję endokrynologiczną składającą się z cukrzycy typu GAD z przeciwciałami dodatnimi, zapalenia tarczycy Hashimoto, nawracającej hiponatremii i autoimmunologicznego zapalenia nadnerczy. Może również prowadzić do obniżenia poziomu cholesterolu i niedoboru hormonów płciowych. Archealna endosymbioza prowadzi do nagromadzenia mukopolisacharydów tkankowych oraz zespołu angiopatii śluzówkowej, zapalenia trzustki (CCP), choroby tarczycy (MNG) i kardiomiopatii (EMF).

Ewolucja selenu i homo sapienu

Homo sapiens ewoluował w tropikalnej, gorącej afrykańskiej masie lądowej. Pierwszy gatunek ludzki, który wyewoluował, to homo neanderthalis w stepach Eurazji. Homo sapiens wyewoluowałby z archaicznych wydzielanych porfirów i wiroidów RNA niezależnie. Porfiry mogły zostać przeniesione do tropikalnej masy lądowej Afryki i służyłyby jako substrat do tworzenia się wiroidów RNA, wiroidów DNA i prionów, które symbiozowały ze sobą tworząc prymitywne komórki eukariotyczne. Wysoka temperatura kontynentu afrykańskiego przyczyniłaby się do mutacji wiroidów RNA i DNA, prowadząc do szybkiej ewolucji. Gleba Afryki Subsaharyjskiej jest pozbawiona selenu. Niedobór selenu prowadzi do mutacji wiroidalnych RNA. Tak więc skrajne wartości temperatury i niedobór selenu prowadzą do różnorodności wiroidalnej RNA. Ta różnorodność wiroidalna RNA doprowadziłaby do szybkiej ewolucji homo sapiens z komórki eukariotycznej. Ta komórka eukariotyczna wyewoluowałaby do gatunku homo sapiens w pewnym okresie czasu. Wiroidy RNA są podstawą genów HERV, które przyczyniają się do dynamiki genomu homo sapiens. Z kolei homo neanderthalis jest odporny na działanie retrowirusów, podczas gdy homo sapiens jest wrażliwy na działanie retrowirusów. W archaiwum homo neanderthalis wydziela się digoksyna, hormon steroidowy, który może zniszczyć retrowirus. Homo neanderthalis posiada również endosymbiotyczny cholesterol katabolizujący archaiki, który może zmieniać miejsca błonowe dla wiązań retrowirusowych, czyniąc gatunek neandertalczyka odpornym na infekcje retrowirusowe. Homo neanderthalis ma niedobór genów skokowych HERV w genomie oraz sztywny genom w porównaniu z sekwencjami HERV zapośredniczonymi w elastycznym genomie homo sapiens. Homo sapiens w trakcie ewolucji w gorącej afrykańskiej sawannie byliby wystawieni na działanie ciepła i światła. To byłoby związane w zwiększonej melanogenezy i ciemniejszej skóry i dużo włosów w ewolucji homo sapiens. Homo sapiens ze względu na ich ciemny kolor byłby nadmiar energii wynikający z melaniny indukowanej energii transdukcji i syntezy ATP. Doprowadziłoby to do ewolucji kory mózgowej człowieka. Wiroidy RNA zintegrowane z genomem pełniłyby funkcję skokowych genów HERV, przyczyniając się do dynamiki genomu. Dynamiczny i elastyczny genom jest potrzebny do rozwoju łączności synaptycznej i kory mózgowej. W ten sposób homo sapiens rozwijają współczesną ludzką korę mózgową w wyniku nadmiaru energii wytwarzanej przez indukowaną przez melaninę transdukcję energii i syntezę ATP. Wzrost melaniny i melanosomów zwiększył wrodzoną odporność homo sapiens, czyniąc je odpornymi na endogenną endosymbiozę archeologiczną. Homo sapiens były odporne na endosymbiotyczny wzrost archeosymbiotyczny obserwowany w ekstremalnych warunkach klimatycznych globalnego ocieplenia i epoki lodowcowej. Homo sapiens, które wyewoluowały z gorącej, tropikalnej Afryki, zwiększyły swoją odporność na endosymbiozę.

Zespół niedoboru selenu

Archealna endosymbioza prowadzi do niedoboru selenu. Archaea wykorzystuje selen do syntezy selenoprotein w archaeal. Prowadzi to do niedoboru selenu w komórkach. Niedobór selenu prowadzi do wadliwej propagacji wstecznej, ponieważ retrowirusy zawierają sekwencje selenoprotein i potrzebują selenu do ich syntezy. Niedobór selenu prowadzi do wadliwej syntezy glutationu i dysfunkcji peroksydazy glutationowej, co prowadzi do wolnych rodników stresu i neurodegeneracji, raka, choroby autoimmunologicznej i zespołu metabolicznego.

Niedobór selenu prowadzi do wadliwej konwersji T4 do T3, ponieważ dejodinaza potrzebuje selenu jako kofaktora. Niedobór selenu prowadzi do niedoczynności tarczycy i zapalenia tarczycy Hashimoto. Niedobór selenu prowadzi do kardiomiopatii i zapalenia trzustki. Zapalenie tarczycy Hashimoto wynikające z niedoboru selenu jest związane z chorobą małych naczyń mózgowych, wodogłowie normalne ciśnienie, encefalopatia Hashimoto, nienaczyniowe autoimmunologiczne zapalenie opon mózgowych, autoimmunologiczna demencja i nawracające encefalopatia hiponatraemiczna. Niedobór selenu prowadzi do powstania zespołu hormonalnego serca i zespołu neurologicznego. Niedobór selenu może być korygowany poprzez suplementację selenu w ilości około 600 mg dziennie. Wzrost endosymbiotyczny może być regulowany przez ketogenną dietę o wysokiej zawartości błonnika - 40 g diety z błonnikiem pochodzącym z impulsów i trójglicerydem o średnim łańcuchu oleju kokosowego.

ROZDZIAŁ 6

CHOROBA GLIKOLITYCZNA ZWIĄZANA Z GLOBALNYM OCIEPLENIEM

Neandertalskie wzorce metaboliczne różniły się od wzorców homo sapien. Stres epoki lodowcowej doprowadził do indukcji HO1. HO1 konwertuje hem na bilirubinę i tlenek węgla. Powoduje to zubożenie hemu (heme depletion). Zubożenie hemu indukuje syntazę ALA i prowadzi do porfirynogenezy. Fotoutlenianie porfiryn powoduje generowanie ROS i indukcję HIF alfa, co prowadzi do powstania fenotypu Warburga ze zwiększoną glikolizą, hamowaniem PDH i dysfunkcją mitochondriów. Wyczerpanie hemu prowadzi do upośledzenia funkcji enzymu heme aconitazy cyklu TCA i enzymu mitochondrialnego cytochromu C oksydazy. Prowadzi to do generowania energii w organizmie poprzez glikolizę oraz błonowe hamowanie ATPazy potasowo-sodowej indukowane syntezą ATP. Dysfunkcja mitochondriów prowadzi do oporności na insulinę.

Zahamowanie PDH prowadzi do zmniejszenia poziomu substratu acetylo CoA dla szlaku izoprenoidalnego do syntezy cholesterolu. Niski poziom syntezy cholesterolu prowadzi do niskiego poziomu kortyzolu, testosteronu, estrogenu, witaminy D, koenzymu Q i kwasów żółciowych. Niedobór kwasów żółciowych może prowadzić do wadliwej modulacji LXR, FXR i PXR prowadzącej do zespołu metabolicznego x. Niedobór CoQ prowadzi do dysfunkcji mitochondriów. Niedobór witaminy D prowadzi do aktywacji immunologicznej. Niski poziom kortyzolu prowadzi do wadliwej reakcji na stres. Niski poziom testosteronu i estrogenów prowadzi do stanu bezpłciowego.

Archaika może wywołać biologiczną transmutację metali. Następuje przemiana magnezu w wapń. Skutkuje to dysfunkcją mitochondrialnego PT porów i śmiercią komórek, aktywacją NFKB i stymulacją immunologiczną, uwalnianiem neuroprzekaźników monoaminowych wynikających z schizofrenii i autyzmu, aktywacją onkogenu wywołaną przez wapń i wadliwą sekrecją insuliny produkującą zespół metaboliczny. Istnieje również konwersja cynku do miedzi. Cynk jest wymagany dla transmisji glutaminianu oraz GABA. Cynk funkcjonuje jako neuroprzekaźnik w korze przedczołowej. Neurony zawierające cynk nazywane są neuronami gluzinergicznymi. Miedź jest niezbędna do transmisji monoaminowej oraz funkcjonowania móżdżku, pnia mózgu i zwojów podstawnych pierwotnych części mózgu.

W ten sposób konwersja cynku w miedź powoduje zanik kory przedczołowej i dominację móżdżku. Biologiczna transmutacja może również generować energię.

Fenotyp Warburga wywołany przez archaika może wytwarzać blokadę PDH i akumulację pirogronianu. Pirogronian wchodzi do bocznicy GABA generując sukcynylowy koA i glicynę, co prowadzi do syntezy porfiryn. Porfiryna może wytwarzać kwantową percepcję niskiego poziomu EMF, prowadząc do zanikania kory przedczołowej i dominacji móżdżku. Ponieważ do syntezy porfiryny zużywa się glicynę, seryna nie tworzy się. Nie dochodzi do syntezy cystationiny prowadzącej do hiperhomocysteinemii. Blokada PDB powoduje nagromadzenie pirogronianu, który przekształca się w glutaminian i amoniak, co prowadzi do powstania zespołu hiperamonemicznego.

Enzym BKCD ma strukturę podobną do PDH. Niedobór BKCD powoduje akumulację aminokwasów o rozgałęzionych łańcuchach. Aby temu przeciwdziałać, neandertalczycy rozwinęli defekty w neutralnych aminokwasach transportujących nerki. Spowodowało to mutację choroby Hartnupa i niedobór kwasu nikotynowego w następstwie utraty tryptofanu. Działanie sirtuin, inhibitora deacetylazy histonowej, również biorącego udział w acetylacji białka, jest zaburzone. Kwasy nikotynowe są inhibitorami sirtuinowymi. Blokada PDH powoduje wadliwe wytwarzanie acetylo CoA i wadliwą acetylację białek. Istnieje prawie 3500 acetylowanych białek. Dzięki temu blokada PDH może modulować proteonomikę.

Wiroidy RNA indukowane przez archaika mogą blokować mRNA i regulować funkcję RNA. Porfiryny mogą interkalować z DNA i RNA modulując ich funkcję. Sirtuina indukowana hamowaniem HDAC modulowana mutacją choroby Hartnupa i niedoborem kwasu nikotynowego może również modulować funkcję genomową. Wiroidy RNA generowane przez archaiki mogą zostać zintegrowane z DNA, funkcjonować jako geny skokowe i modulować funkcję genomową.

Archaea może katabolizować cholesterol do digoksyny, która może wytwarzać błonowe inhibitory ATPazy potasowo-sodowej zwiększające wewnątrzkomórkowy wapń i redukujące wewnątrzkomórkowy magnez. Istnieje zmniejszenie magnezu i wzrost wyników wapniowych w mitochondrialnych PT dysfunkcji porów i śmierci komórki, aktywacja NFKB i stymulacji immunologicznej, uwalnianie neuroprzekaźników monoaminowych wynikające z schizofrenii i autyzmu, wapnia wywołanego aktywacji onkogenów i wadliwą insulinę wydzielania produkujących zespół metaboliczny.

Globalne ocieplenie prowadzi do zwiększenia endosymbiotycznego wzrostu aktynowców. Archaea to ekstremofile. Aktynoidalne archaiki przeżywają katabolizację cholesterolu. Archaiki i ich antygeny indukują HIF alfa i aktywują szlak glikolityczny. Aktywacja szlaku glikolitycznego indukuje zwiększoną konwersję glukozy do fruktozy poprzez aktywację szlaku sorbitolowego. Glukoza jest przekształcana do sorbitolu przez reduktazę aldozową, a sorbitol do fruktozy przez działanie dehydrogenazy sorbitolowej. Fruktoza jest fosforylowana przez heksokinazę lub fruktokinazę do fosforanu fruktozy. Heksokinaza ma niską wartość km dla fruktozy i minimalne ilości fruktozy zostaną przekształcone w fosforan fruktozy zubożający komórkowy ATP. ATP jest przekształcany na AMP, a pod wpływem działania AMP deaminaza jest przekształcana na kwas moczowy. W ten sposób dochodzi do hiperurykemii, a zubożenie ATP powoduje również hamowanie ATPazy potasowo-sodowej. Inhibicja błonowej ATPazy sodowo-potasowej zwiększa ilość wapnia wewnątrzkomórkowego i uszczupla magnez. Powoduje to obumieranie komórek poprzez otwarcie mitochondrialnych porów PT, aktywację NFKB i aktywację immunologiczną, ekskotoksyczność glutaminianów i aktywację onkogenów, co prowadzi do zaburzeń systemowych. Zubożenie ATP ostatecznie hamuje heksokinazę jako taką, a fosforylacja glukozy przestaje blokować szlak glikolityczny i jego sprzężenie z oksydacyjną fosforylacją mitochondrialną poprzez działanie heksokinazy porowej PT. Komórka zostaje wyczerpana energetycznie przez glikolizę i schemat fosforylacji oksydacyjnej i umiera. W ten sposób globalne ocieplenie poprzez indukcję glikolizy i fenotypu Warburga oraz zwiększoną konwersję glukozy do fruktozy i wynikające z tego zubożenie komórek ATP może prowadzić do zaburzeń systemowych i dysfunkcji komórek, a także ich śmierci. Może to prowadzić do powstania zespołu systemowego związanego z globalnym ociepleniem.

Globalne ocieplenie prowadzi do neandertalizacji gatunku ludzkiego w wyniku wzrostu archaicznych aktynowców. Neandertalczycy przyzwyczaili się do diety ketogenicznej o wysokiej zawartości tłuszczu i białka. Ciała ketonowe były utleniane, aby generować ATP w mitochondriach. Neandertalczycy z powodu aktynowego wzrostu archaicznego w wyniku spożywania diety glukogennej prowadzą do indukcji enzymów glikolitycznych. Enzymy glikolityczne są cytosoliczne. Enzymy glikolityczne są antygenowe u neandertalczyków. Enzymy glikolityczne były tłumione u homo neandertalczyków, którzy jedli dietę ketogenną. Powoduje to tłumienie indukowanych enzymów glikolitycznych przez tworzenie przeciwciał w homo neandertalis, które powstają w wyniku wzrostu archeologicznego będącego konsekwencją globalnego ocieplenia. Blokada glikolizy powoduje blokadę energetyczną komórek. Powoduje to hiperglikemię i zespół metaboliczny x. Glukoza jest przekształcana do sorbitolu przez reduktazę aldozową, a sorbitol przez fruktokinazę do fruktozy. Enzym fruktokinazy pochodzi od neandertalczyków, którzy spożywali owoce wraz z tłuszczem i białkiem z mięsa. Fruktoza jest fosforylowana do fosforanu fruktozy, który wyczerpuje komórki ATP. Hamuje to błonową ATPazę potasowo-sodową prowadzącą do wzrostu poziomu wapnia wewnątrzkomórkowego i redukcji wewnątrzkomórkowego magnezu. Powoduje to ekskitotoksyczność glutaminianu i neurodegenerację, aktywację onkogenną i złośliwość, aktywację NFKB i chorobę autoimmunologiczną, uwalnianie neuroprzekaźników monoaminowych z pęcherzyków presynaptycznych i schizofrenii oraz wszystkie choroby układowe. Zwiększone stężenie glukozy jest metabolizowane przez glikolizę archaiczną i cykl kwasu cytrynowego. Pirogronian generowany przez glikolizę archeologiczną wchodzi w schemat shuntowy GABA generując sukcynylowy koA i glicynę, które są substratami do syntezy porfiryn. Cykl kwasu cytrynowego może być redukcyjny, generujący wiązanie dwutlenku węgla, podobny do kalwińskiego cyklu fotosyntezy lub utleniający, generujący acetyl CoA, który jest wykorzystywany do syntezy cholesterolu przez szlak mewalonianu. Glikoliza archeologiczna generuje również 1,6 difosforan fruktozy, który wchodzi w ścieżkę fosforanu pentozy, wytwarzając fosforan D xylulozy, który jest substratem dla ścieżki DXP syntezy cholesterolu archeologicznego. Archaea syntetyzuje cholesterol zarówno na drodze mewalonianu, jak i na drodze DXB. Archaea może wykorzystywać cholesterol do celów energetycznych, katabolizując go. Pierścień cholesterolowy jest utleniany do pirogronianu, który przedostaje się do bocznicy GABA, która zapewnia substraty dla cyklu kwasu cytrynowego. Pirogronian jest przekształcany w glutaminian i amoniak. Archaea może utleniać amoniak dla energii. Łańcuch boczny cholesterolu jest utleniany do maślanu i propionianu, który może być dalej wykorzystywany do celów energetycznych. Energetyka archaiczna zależy od glikolizy, cyklu kwasu cytrynowego, utleniania amoniaku i katabolizmu cholesterolowego. Przeciwciała przeciwko enzymom glikolitycznym aldolaza, enolaza, GAPDH i kinaza pirogronowa przyczyniają się do rozwoju zespołu metabolicznego x, schizofrenii, zaburzeń nastroju, autyzmu, stwardnienia rozsianego, tocznia, choroby Alzheimera i choroby Parkinsona. Podwyższenie poziomu glikolizy przyczynia się do powstania stanu nowotworowego. Przeciwciała produkowane są zarówno przeciwko indukowanym enzymom glikolitycznym, jak i archeologicznym enzymom glikolitycznym. Blokada glikolizy prowadzi do wtórnej dysfunkcji mitochondriów. Schemat glikolityczny jest sprzężony z oksydacyjną fosforylacją mitochondrialną za pomocą mitochondrialnej heksokinazy porów PT. Przeciwciała przeciwko glikolizie blokują glikolizę i powodują wtórną dysfunkcję mitochondriów. Komórka wykorzystuje całą swoją energię. Zubożenie ATP przez fosforylację fruktozy powoduje hamowanie błonowej ATPazy potasowo-sodowej i hibernację komórek oraz transformację komórek macierzystych. Systemy tkankowe człowieka zatrzymują się i tworzą ramy dla rozwoju kolonii archeologicznych. Organizm ludzki staje się zombie dla archeologicznych kolonii, które są wieczne. Wpływa to na funkcjonowanie takich układów narządów jak wątroba produkująca marskość wątroby, płuca produkujące śródmiąższową chorobę płuc, włóknienie nerek i CRF, kardiomiopatia i choroba Alzheimera. Można to nazwać syndromem zombie. Zubożenie ATP przez fosforylację fruktozy generuje ADP i AMP, które poprzez działanie deaminazy AMP wytwarzają kwas moczowy i hiperurykemię. Zespół zombie przekształca organizm ludzki w strukturę sieci kolonii archeologicznych. Archaiowie mogą wydzielać RNA i wiroidy DNA, które mogą rekombinować z ludzkimi endogennymi sekwencjami retrowirusowymi i sekwencjami ludzkiego DNA generującymi nowe wirusy RNA, wirusy DNA i bakterie. W ten sposób zespół zombie prowadzi do generowania nowych bakterii i wirusów. Zespół zombie może być leczony przez tłumienie glikolizy. Można tego dokonać poprzez podawanie diety ketogenicznej pochodzącej z błonnika z krótkołańcuchowych kwasów tłuszczowych - maślanowego i octanowego, wielonienasyconych kwasów tłuszczowych i krótkołańcuchowych kwasów tłuszczowych, takich jak kwas laurynowy.

Zespół zombie globalnego ocieplenia powoduje przemianę glukozy w fruktozę poprzez indukcję reduktazy aldozowej powstającej w wyniku odwodnienia. Glukoza jest najpierw przekształcana do sorbitolu przez reduktazę aldozową, a następnie przez dehydrogenazę sorbitolową do fruktozy. Fruktoza ma wysoką wartość dla ketokinazy, jest fosforylowana i wchodzi w drogę fosforanu pentozowego. Fruktoza jest przekształcana w fosforan glukozaminy i fosforan galaktozaminy. Nasila się synteza glikozaminoglikanów. Powoduje to gromadzenie się GAG w naczyniach produkujących angiopatię śluzówkową, MEN produkujących nerki, EMF produkujących serce, CCP produkujących trzustkę i MNG produkujących tarczycy. Może również powodować zwłóknienie płuc i wątroby, wytwarzając marskość wątroby i choroby śródmiąższowe płuc. Choroby te są powszechne w ciepłych krajach tropikalnych, na południe od równika, i można je nazwać zespołem Lemuriana. Wzrost wartości km fruktozy dla ketokinazy powoduje zwiększenie fosforylacji fruktozy nad glukozą produkującą hiperglikemię i zespół metaboliczny. Fosforylacja fruktozy wyczerpuje komórkę ATP i przekształca ATP w AMP i ADP, na które działa deaminaza ATP produkująca kwas moczowy. Przenikanie fruktozy do szlaku fosforanu pentozy powoduje zwiększenie produkcji rybozy i kwasu nukleinowego oraz produkcji kwasu moczowego w wyniku degradacji purynowej. Występuje hiperurykemia. Wada rurkowa MEN powoduje hipokaliemię i hiponatremię. Wzrost zawartości fruktozy powoduje glikacja fruktozowa białek, co prowadzi do powstawania białek antygenowych i chorób autoimmunologicznych. Fruktoza może powodować stan zapalny i autoimmunizacyjny. Nazywa się to zapaleniem fruktozowym. Wzrost zawartości fruktozy, która jest kierowana do szlaku fosforanu pentozy i syntezy rybozy prowadzi do zwiększonej syntezy kwasu nukleinowego i powstawania nowotworów. Zubożenie ATP komórkowego w wyniku fosforylacji fruktozy powoduje śmierć komórek i degenerację neuronów. Śmierć komórkowa w błonie śluzowej jelita narusza barierę jelitową krwi, wywołując zespół jelita cieknącego, odpowiedź ostrej fazy i zespół metaboliczny x oraz autoimmunizację. Fosforylacja fruktozy i zubożenie ATP powoduje zahamowanie błony sodowo-potasowej ATPazy i wzrost poziomu wapnia wewnątrzkomórkowego oraz redukcję wewnątrzkomórkowego magnezu. Powoduje to insulinooporność, pobudzenie glutaminianów, aktywację onkogenów, wydzielanie monoamin z pęcherzyków presynaptycznych i schizofrenii oraz aktywację NFKB i autoimmunizację. Przekierowanie fruktozy do syntezy glukozaminy i zwiększona synteza GAG powoduje zwiększoną syntezę siarczanu heparyny, który połączy się z białkami tworzącymi amyloid. Tworzenie amyloidu jest podstawą choroby neuronów ruchowych, w której amyloid tworzą białka rybonukleoproteiny. W chorobie Parkinsona alfa synukleina tworzy amyloid. W chorobie Alzheimera tworzy się beta amyloid. Białka hamujące rozwój nowotworu tworzą amyloid i prowadzą do onkogenezy. Związany z wysepką polipeptyd amyloidowy stanowi podstawę wadliwego wydzielania insuliny w zespole metabolicznym x. W chorobie Alzheimera tworzy się amyloid.

Globalne ocieplenie prowadzi do indukcji reduktazy aldozowej. Reduktaza aldozowa przekształca glukozę w sorbitol. Sorbit jest przekształcany w fruktozę przez dehydrogenazę sorbitolową. Fruktoza jest fosforylowana przez fruktokinazę, a ketokinazy mają wyższą wartość km dla fruktozy niż glukoza. Powoduje to szybką fosforylację fruktozy i zubożenie komórkowego ATP. Wyczerpanie ATP komórkowego ma dwa skutki. ATP jest przekształcany w ADP i AMP. ADP i AMP są aktywowane przez deaminazy wytwarzające kwas moczowy. Hiperurykemia jest cechą zjawiska metabolicznego związanego z globalnym ociepleniem. Wyczerpanie ATP prowadzi do dysfunkcji cewek nerkowych produkujących utratę elektrolitów i aminokwasów. Powoduje to nieswoistą aminokwasowość, hipokaliemię i hiponatremię. Nie ma obrzęku ani nadciśnienia. Prowadzi to do przewlekłej choroby tubulointerstytutycznej zwanej nefropatią mezoamerykańską. Wyczerpanie komórkowe ATP może spowodować śmierć komórek prowadzącą do degeneracji neuronów. Wyczerpanie ATP powoduje hamowanie błonowej ATPazy potasowo-sodowej i wzrost poziomu wapnia wewnątrzkomórkowego oraz redukcję wewnątrzkomórkowego magnezu. Powoduje to aktywację immunologiczną poprzez indukcję NFKB, aktywację onkogenną, ekskotoksyczność glutaminianów i neurodegenerację, uwalnianie monoamin do połączenia synaptycznego i schizofrenii. Wyczerpanie ATP może również wpływać na barierę krwi jelitowej, wywołując odpowiedź ostrej fazy i zespół nieszczelnego jelita. Odpowiedź ostrej fazy może prowadzić do wystąpienia zespołu metabolicznego x. Wyczerpanie ATP ze względu na powinowactwo ketokinaz do fruktozy prowadzi do braku fosforylacji glukozy. Prowadzi to do hiperglikemii i zespołu metabolicznego x. Nagromadzona glukoza przekształca się w fruktozę tworząc zespół zapalenia fruktozy.

Fruktoza ma dwa fatygi metaboliczne. Fruktoza może ulec fosforylacji do fosforanu fruktozy i wejść w drogę fosforanu pentozowego, generując rybozę ważną w syntezie kwasu nukleinowego. Katabolizm purynowy może generować kwas moczowy. Synteza kwasu nukleinowego może prowadzić do zwiększonej proliferacji komórek i onkogenezy. Dlatego też, związane z globalnym ociepleniem zapalenie fruktozy może prowadzić do onkogenezy. Nagromadzona fruktoza może również wchodzić w drogę syntezy glikozaminoglikanów i proteoglikanów. Fruktoza jest fosforylowana i przekształcana w fosforan fruktozy, który może być przekształcony w glukozaminę i galaktozaminę, które są substratami do syntezy glikozaminoglikanów. Powoduje to akumulację mukopolisacharydów tkanki łącznej w organizmie i tkankach prowadzących do stanów chorobowych, takich jak zwłóknienie mięśnia sercowego, przewlekłe kalcyficzne zapalenie trzustki, wole wielogruczołowe i angiopatia śluzówkowa, które mogą być klasyfikowane jako zespół sercowo-naczyniowy i hormonalny nieznanego pochodzenia związany z globalnym ociepleniem zbliżonym do MEN. Nagromadzenie mukopolisacharydów może wystąpić w wątrobie produkującej marskość wątroby i w płucach produkujących śródmiąższową chorobę płuc. Mukopolisacharyd, siarczan heparyny może łączyć się z białkami prionowymi wytwarzając odkładanie się amyloidu prowadzące do chorób konformacyjnych. Należą do nich białka prionowe prowadzące do choroby Creutzfeldta Jakoba, dysmutaza cynku miedziowego i neuronów ruchowych, alfa synukleina i choroba Parkinsona oraz białka hamujące rozwój nowotworów i raka. Znana jest zależność między polipeptydem amyloidem związanym z wysepką a cukrzycą. Tak więc konwersja fruktozy do GAG powoduje chorobę konformacyjną i akumulację amyloidu.

Nagromadzenie fruktozy powoduje fruktosylację białek zbliżoną do glikacji białek. Fruktozylowane białka są antygenowe. Skutkuje to zwiększoną częstością występowania chorób autoimmunologicznych, takich jak toczeń i stwardnienie rozsiane. Konwersja do glukozy na fruktozę i jej fosforylacja wyczerpuje komórkę ATP i powoduje zahamowanie ATPazy sodowo-potasowej. Zwiększa to ilość wapnia wewnątrzkomórkowego, który uwalnia neurotransmitery z pęcherzyków presynaptycznych. W ten sposób następuje wzrost transmisji glutaminianu i monoaminergicznej, co prowadzi do schizofrenii i autyzmu. Wzrost poziomu wapnia wewnątrzkomórkowego może otworzyć mitochondrialne pory PT uwalniając cyto C, który aktywuje kaskadę kaspaz i śmierć komórki. Powoduje to degenerację neuronów.

Konwersja glukozy na fruktozę i fosforylacja fruktozy prowadzi do zubożenia ATP w komórkach. Zatrzymuje to fosforylację glukozy przez glukokinazę i zatrzymuje wytwarzanie fosforanu glukozy 6. Proces glikolityczny, cykl TCA i jego sprzężenie z oksydacyjną fosforylacją mitochondrialną zostają zahamowane. Organizm jest uzależniony od kwasów tłuszczowych i aminokwasów energetycznych. Organizm może przetrwać tylko na diecie ketogenicznej. Nagromadzona glukoza tworzy podłoże do wykorzystania przez endosymbiotyczne archaiki. Archaiki mają szlak glikolityczny, który może przekształcić glukozę w pirogronian. Pirogronian może następnie wejść na ścieżkę bocznicową GABA generując sukcynyl CoA i glicynę, substraty do syntezy porfiryn przez archaiki i ludzi. Nadcząsteczkowe tablice porfirynowe lub porfiryny mogą przenosić elektrony syntetyzujące ATP. Archaiowie mają również częściowy cykl kwasu cytrynowego, a pirogronian generowany przez glikolizę archeologiczną może wejść w częściowy cykl kwasu cytrynowego. Cytrynian może być wykorzystywany do syntezy lipidów. Acetyl CoA generowany z pirogronianu przez archaiki może być wykorzystany do syntezy cholesterolu. Archaiowie mogą katabolizować cholesterol do generowania energii. Pierścień cholesterolowy jest utleniony do pirogronianu, a łańcuch boczny utleniony do maślanu i propionianu. Może to być wykorzystane do mitochondrialnej generacji ATP. Pirogronian generowany przez glikolizę archeologiczną może również zostać poddany cyklowi odwróconego kwasu cytrynowego w celu utrwalenia dwutlenku węgla podobnego do cyklu Calvina. Tak więc glikoliza archeologiczna, częściowy cykl kwasu cytrynowego, odwrotny cykl kwasu cytrynowego dla wiązania dwutlenku węgla, synteza cholesterolu przez mewalonian i ścieżkę DXP oraz katabolizm cholesterolowy dominują. Fruktoza wygenerowana w wyniku przemiany w glukozę może dostać się do szlaku fosforanu pentozy generującego fosforan D ksylulozy i może być wykorzystana do syntezy cholesterolu. Wytworzony w wyniku glikolizy pirogronian może być również przekształcony w acetylo-CoA, który może wejść na ścieżkę mewalonianu archeologicznego syntezy cholesterolu. W ten sposób archaiczne pirograty posiadają zarówno ścieżkę syntezy cholesterolu - ścieżkę DXP, jak i ścieżkę mewalonianu. Fruktoza generowana przez konwersję z glukozy w wyniku globalnego ocieplenia wchodzi na ścieżkę DXP syntezy cholesterolu, ścieżkę fosforanu pentosu oraz syntezy kwasu nukleinowego i GAG. Może to prowadzić do dysfunkcji wielu narządów z włóknieniem i akumulacją mukopolisacharydów, które można nazwać zespołem Lemuriana. Początkowa grupa chorób EMF, CCP, MNG i angiopatia śluzówkowa występuje na południe od równika w południowych Indiach, Afryce Południowej i Ameryce Południowej. MEN związane z globalnym ociepleniem są zgłaszane z Ameryki Środkowej i Południowej. MEN należą do grupy EMF, CCP, MNG i angiopatii śluzówkowej. Można to nazwać syndromem lemuriańskim, ponieważ RPA, RPA, Australia i części Ameryki Południowej były w długiej przeszłości, kiedy istniali neandertalczycy, częścią jednego organizmu kontynentalnego. Globalne ocieplenie i wynikająca z niego przemiana glukozy w fruktozę powoduje wyczerpywanie się ATP z powodu bardziej efektywnej fosforylacji fruktozy nad glukozą. Powoduje to nieefektywną fosforylację glukozy i jej akumulację, co prowadzi do rozwoju archeologicznego. Nagromadzona fruktoza jest przekształcana w fosforan D xylulozy i wykorzystywana w ścieżce DXP syntezy cholesterolu przez archaiki. Cholesterol jest katabolizowany przez endosymbiotyczne archaiki aktynowców generujące digoksynę. Wzrost archaiki aktynowców powoduje zwiększenie syntezy porfiryn i percepcji niskich poziomów pól elektromagnetycznych przez dipolarne układy kwantowe z udziałem porfiryn. Indukowane digoksyną błonowe inhibicje ATPazy potasowo-sodowej w układzie dipolarnej porfiryny w komórce mogą wytwarzać przepompowywany system fononowy odbioru kwantowego. Skutkuje to zanikiem kory przedczołowej i dominacją móżdżku, co prowadzi do neandertalizacji ludzkiego mózgu. Wynika to z endosymbiotycznego wzrostu archeologicznego wynikającego z metabolizmu związanego z globalnym ociepleniem. Ta sama metabolonomia związana z globalnym ociepleniem skutkuje opisaną powyżej genezą zespołu Lemuriana.

Zespół ten może być również nazywany fruktozemią lub zapaleniem fruktozowym. Stres oksydacyjny może indukować reduktazę aldozową i przekształcać glukozę w fruktozę. Endosymbiotyczne archaiki syntetyzują digoksynę poprzez katabolizm cholesterolowy. Digoksyna hamuje błonową ATPazę potasowo-sodową i zwiększa ilość wapnia wewnątrzkomórkowego otwierającego mitochondrialne pory PT. Powoduje to dysfunkcję mitochondriów i stres oksydacyjny. Stres oksydacyjny może indukować reduktazę aldozową i przekształcać całą glukozę w fruktozę. Fruktoza ma niską wartość km dla ketokinazy w porównaniu z glukozą i jest preferencyjnie fosforylowany. Glukoza pozostaje niefosforylowana, a schemat glikolityczny i jej sprzężona mitochondrialna fosforylacja oksydacyjna jest spowolniona lub zahamowana. Mitochondrialny ATP i cytrynian mogą hamować fosfostruktokinazę i glikolizę, ale nie mogą hamować fruktokinazy lub reduktazy aldozowej. Dlatego też proces konwersji glukozy do fruktozy trwa nadal. Generowana fruktoza może hamować funkcję mitochondriów, prowadząc do większego stresu oksydacyjnego i jeszcze większej indukcji reduktazy aldozowej. Efektywna fosforylacja fruktozy powoduje zubożenie komórki ATP produkującej stres oksydacyjny i indukcję NFKB, co prowadzi do przewlekłego stanu zapalnego. Stres oksydacyjny spowodowany wyczerpaniem ATP może powodować dalszą indukcję reduktazy aldozowej i wytwarzanie fruktozy. Wyczerpanie ATP powoduje zmęczenie pacjenta. Wzrost zawartości fruktozy hamuje sytość, a zachowanie żywieniowe pacjenta ulega zmianie, prowadząc do otyłości. Prowadzi to do powstania zespołu metabolicznego x. Zespół metaboliczny x jest zespołem gromadzenia tłuszczu zbliżonym do hibernacji. Generowana fruktoza jest przekształcana w glicerofosforan alfa, który jest wykorzystywany do syntezy trójglicerydów. Spożycie fruktozy może zwiększyć syntezę trójglicerydów oraz tłuszczów w wątrobie. Zubożony ATP w wyniku fosforylacji fruktozy generuje AMP i ADP, które są przekształcane przez deaminazy do kwasu moczowego. Kwas moczowy może hamować funkcję mitochondriów. Kwas moczowy może przyczyniać się do powstawania insulinooporności i zespołu metabolicznego x. Kwas moczowy może również powodować dysfunkcję śródbłonka, przyczyniając się do choroby wieńcowej i udaru mózgu. Kwas moczowy hamuje aconitazę, która prowadzi do gromadzenia się cytrynianów. Kwas moczowy może indukować lizę cytrynianową i syntezę acylu CoA, prowadząc do syntezy kwasu tłuszczowego. Nagromadzony cytrynian może blokować szlak glikolityczny. Nagromadzona glukoza zostaje przekształcona w fruktozę przez reduktazę aldozową. Kwas moczowy redukuje NADPH i utleniony NAD+. Wpływa to na potencjał redoks i prowadzi do stresu oksydacyjnego, który dodatkowo indukuje reduktazę aldozową. Reduktaza aldozowa może być indukowana przez stres hiperosmotyczny. Należy do nich hiperglikemia powstała w wyniku blokady fosforylacji glukozy w wyniku selektywnej fosforylacji fruktozy z powodu niskiej wartości km fruktozy dla ketokinazy. Ten sam mechanizm działa w odwodnieniu wywołanym przez globalne ocieplenie. Prowadzi to do hiperosmolarności, która indukuje reduktazę aldozową. Mechanizmy te są podobne do tego, co dzieje się w czasie hibernacji u zwierząt. Hibernujące zwierzęta rozwijają zespół metaboliczny przybierający na wadze, magazynują tłuszcz, zwiększają ilość trójglicerydów, rozwijają tłustą wątrobę i rozwijają insulinooporność. Hibernacja i zespół metaboliczny x są zespołami gromadzenia tłuszczu. Neandertalczycy rozwinęli się w zimnych stepach euroazjatyckich i rozwinęli zespół hibernacji podobny do zespołu metabolicznego z gromadzeniem tłuszczu. Stres wywołany przez epokę lodowcową wywołałby stres redoks, wywołałby reduktazę aldozy i przekształcił glukozę w fruktozę. Fruktoza zostałaby selektywnie fosforylowana do fosforanu fruktozy, który dostałby się do szlaku fosforanu pentozy, generując rybozę do syntezy kwasu nukleinowego, szlaku glukozaminy do syntezy glikozaminoglikanu i/lub przekształcona do alfa glicerofosforanu do syntezy kwasu tłuszczowego i triglicerydów. Fruktozamia może również wpływać na funkcjonowanie mózgu. Fruktoza może hamować BDNF i hamować wzrost korowy, powodując zanik kory mózgowej dominującej w móżdżku i kory przedczołowej. Spowodowałoby to neandertalizację mózgu. Konwersja fosforanu fruktozy na rybozę poprzez szlak fosforanu pentozy zwiększa syntezę kwasu nukleinowego i proliferację komórek. Prowadzi to do onkogenezy. Proliferacja komórek może również przyczynić się do powstania nieporęcznego fenotypu populacji neandertalczyków. Enzym fruktokinazy działa jak switch otyłości. Otwarcie przełącznika otyłości przyczynia się również do powstania nieporęcznego fenotypu populacji neandertalczyków. Stres oksydacyjny i stres osmotyczny epoki lodowcowej i globalnego ocieplenia mogą wywołać reduktazę aldozową pośredniczącą w konwersji glukozy do fruktozy poprzez enzym dehydrogenazy sorbitolowej. Prowadzi to również do indukcji fruktokinazy, powstawania fruktozy, fruktozemii i zapalenia fruktozy. Podwyższona zawartość fruktozy może prowadzić do wytwarzania białek antygenowych i chorób autoimmunologicznych przez fruktozylaty. Tym samym fruktozemia może przyczyniać się do onkogenezy, zespołu metabolicznego x, neurodegeneracji, zaburzeń psychicznych, takich jak schizofrenia i autyzm, a także chorób autoimmunologicznych. Fruktozemia może przyczyniać się do powstawania oporności na insulinę. Selektywna fosforylacja fruktozy ze względu na niską wartość km ketokinazy dla fruktozy prowadzi do niefosforylacji glukozy i hiperglikemii. Insulinooporność prowadzi do dalszej indukcji reduktazy aldozowej i fruktokinazy. Fruktoza może powodować zubożenie ATP i stres oksydacyjny. Stres oksydacyjny może indukować NFKB produkujący przewlekły stan zapalny, a TNF alfa może wytwarzać insulinooporność działającą na poziomie receptora insulinowego. Insulinooporność aktywuje jeszcze bardziej system aldozowej reduktazy fruktokinazy, który jest dodatkowo aktywowany przez stres osmotyczny i oksydacyjny w skrajnych warunkach klimatycznych, takich jak globalne ocieplenie i epoka lodowcowa. Prowadzi to do zespołu układowego Lemuriana - fruktozemii i zapalenia fruktozy.

Droga metaboliczna fruktozy jest nazywana fruktolizą. Stres oksydacyjny i osmotyczny spowodowany globalnym ociepleniem i aktynoidalnym wzrostem archeologicznym prowadzi do indukcji reduktazy aldozowej. To przekształca glukozę w sorbitol, a sorbitol jest aktywowany przez dehydrogenazę sorbitolową produkującą fruktozę. Fruktoza zazwyczaj ulega fruktolizie. Glikoliza jest hamowana na poziomie fosfhofruktokinazy przez ATP i cytrynian. Droga fruktolityczna i metabolizm fruktozy są ograniczone do wątroby i niektórych tkanek i nie podlegają tej kontroli regulacyjnej. Fruktoza jest przekształcana przez fruktokinazę do 1-fosforanu fruktozy. Fruktoza 1-fosforan jest aktywowana przez aldolazę B lub aldolazę 1-fosforanu fruktozy, przekształcając ją w fosforan dihydroksy acetonu. Fosforan dihydroksy acetonu ma dwa losy: (1) Podlega on działaniu izomerazy fosforanu triozy do 3-fosforanu gliceraldehydu. 3-fosforan gliceraldehydu jest nakładany na 6-fosforan glukozy, a następnie na 1-fosforan glukozy. Glukozo-1-fosforan wykorzystywany jest do glikogenezy. Fosforan dihydroksy acetonu jest aktywowany przez dehydrogenazę 3-fosforanu glicerolu do 3-fosforanu glicerolu. Fruktoza 1-fosforan może być utleniany do pirogronianu. Pirogronian może być dekarboksylowany do acetylu CoA. Acetyl CoA jest używany do syntezy kwasów tłuszczowych i cholesterolu. Prowadzi to do syntezy triglicerydów i tworzenia VLDL. Fruktoza może być w ten sposób przekształcona w glikogen magazynujący, triglicerydy i cholesterol. Globalne ocieplenie i epoka lodowcowa to stany ekstremofilne. Organizm ludzki przechodzi w stan hibernacji i magazynuje składniki odżywcze w postaci glikogenu i trójglicerydów. Fruktoza może zwiększać aktywność enzymów lypogennych: kinazę pirogronianową, dehydrogenazę jabłoniową, lizę cytrynianową, karboksylazę acetylową CoA, dehydrogenazę pirogronianową i syntazę kwasów tłuszczowych. W ten sposób metabolizm jest przełączany do trybu hibernacji z katabolizmu glukozy. Katabolizm glukozy ustaje. Glukoza, która się kumuluje, przechodzi przez archeologiczny, prymitywny cykl glikolityczny i częściowy cykl kwasu cytrynowego, jak również przez ścieżkę bocznikową GABA. Ścieżka bocznicowa GABA w archaikach generuje sukcynyl CoA i glicynę - substraty do syntezy porfiryn. Porfiryny mogą się samoistnie organizować tworząc struktury nadcząsteczkowe, które mogą się samoistnie replikować zwane porfirynami. Porfiryny są ostatecznymi samo-replikatorami. Mogą one posiadać indukowany fotoindukcją łańcuch transportu elektronów i syntezę ATP. Porfiryny są dipolarne i w osadzeniu porfiryny interkalującej błonę komórkową wytwarzającej inhibicję ATPazy potasowo-sodowej mogą wytwarzać przepompowywany układ fononowy. Jest to stan nadprzewodnikowy w temperaturze pokojowej i może wytwarzać postrzeganie ilościowe. Porfiryny są strukturami makrocząsteczkowymi o falistym, szczególnym istnieniu. Porfiryny są ostatecznym obserwatorem kwantowym i pośredniczą w konwersji piany kwantowej do świata cząstek stałych. To globalne ocieplenie wywołane fruktozemią i nagromadzoną wolną glukozą ulegają katabolizacji w wyniku częściowego cyklu kwasu cytrynowego i GABA przetaczania archaiki do porfiryn wytwarzających porfiryny, które mogą przyjąć stan kwantowej piany i zamieszkiwać wiecznie istniejący wieloraki wszechświat. Porfiryny mogą podlegać fotoutlenianiu generującemu stres redoks. Stres redoksowy będzie dalej indukował reduktazę aldozową i zwiększał fruktozemię. Glukoza pozostaje niefosforowana ze względu na wysoką wartość kilometrową glukozy dla ketokinazy w porównaniu z fruktozą. Wolna glukoza jest katabolizowana przez enzymy archeologiczne na porfiryny i porfiryny. Organizm ludzki staje się zombie dla samoreplikujących się porfiryn i porfiryn. Porfiryny mają kwantowe postrzeganie niskiego poziomu EMF. To powoduje zanik kory przedczołowej i dominację móżdżku prowadzącą do neandertalizacji ludzkiego mózgu. Ludzkie drogi metaboliczne glikolizy i fosforylacji oksydacyjnej są zablokowane. Dominuje synteza glikogenu, lipidów, cholesterolu i glikozaminoglikanów. Organizm przechodzi w tryb hibernacji anabolicznej. Fruktokinaza wywołana stresem osmotycznym i stresem oksydacyjnym globalnego ocieplenia przechodzi w tryb hibernacji prowadzący do zespołu metabolicznego lub choroby spichrzania tłuszczu. Wolna glukoza ulega katabolizmowi w wyniku glikolizy archeologicznej i wyrzucenia GABA do porfirii. Porfiryny mogą działać jako wzorzec tworzenia się wiroidów RNA, wiroidów DNA, prionów i ostatecznie symbidują się i żyją razem jako nanoarchaea. W ten sposób nanoarchaea może powstać z szablonów porfirynowych. Supramolekularne tablice porfirynowe mogą mieć łańcuch transportu elektronów i syntezę ATP, prymitywną formę mitochondriów. Nanoarchaea może formować się, jak również samoreplikować na szablonach porfirynowych. Nadcząsteczkowe tablice porfirynowe lub porfiryny również mogą się samoistnie replikować. Ciało ludzkie staje się zombie dla abiogenetycznych porfiryn i nanoarchaea. Porfiryny mogą mieć makroskopijne istnienie kwantowe i zamieszkiwać wielorakie światy. W ten sposób ludzki metabolizm zatrzymuje się i świat nanoarchaonów i porfirów, które są wiecznymi krokami. Rasa ludzka, jak wiemy, wymiera z powodu metabolizmu globalnego ocieplenia. Po raz kolejny wraca do deski rozdzielczej ewolucji.

Neandertalczycy mieszkali w Euroazjatyckich Stepach, które były zimne. Ewoluował u nich metabolizm hibernacyjny i syndrom przechowywania tłuszczu, aby chronić ich przed przeziębieniem. Neandertalczycy rozwinęli się dzięki endosymbiotycznemu wzrostowi archeologicznemu. Endosymbiotyczne archaiki są ekstremofilami i rosną w ekstremalnych warunkach klimatycznych - w epoce lodowcowej i globalnym ociepleniu. Globalne ocieplenie powoduje wzrost endosymbiotycznego wzrostu archaibów i neandertalizację gatunku homo sapien. Neandertalizacja jest zjawiskiem symbiotycznym. Globalne ocieplenie może prowadzić do odwodnienia i stresu osmotycznego. Archaiki mogą katabolizować cholesterol generując digoksynę, która może wywołać stres redoks. Stres osmotyczny i redox prowadzą do indukcji enzymu reduktazy aldozowej, który przekształca glukozę w sorbitol. Sorbitol jest aktywowany przez dehydrogenazę sorbitolu i przekształcany w fruktozę. Fruktoza może wchodzić w trzy schematy metaboliczne. Fruktoza jest przekształcana na alfa-glicerofosforan i trójglicerydy. Powoduje to magazynowanie glukozy i fruktozy w postaci tłuszczu oraz syndrom przechowywania tłuszczu. Tłuszcz podskórny chroni przed wahaniami temperatury klimatycznej. Fruktoza może hamować funkcje mitochondriów i mitochondrialne utlenianie beta kwasów tłuszczowych, co z kolei wpływa na wydłużenie okresu przechowywania tłuszczu. Tłuszcz może dodatkowo wzmacniać odporność na insulinę poprzez działanie kwasów tłuszczowych na receptor insulinowy. Oporność na insulinę prowadzi do dalszego indukowania reduktazy aldozowej. Fruktoza może również wchodzić w drogę glukozaminy, co prowadzi do syntezy GAG i akumulacji mukopolisacharydów i proteoglikanów. Może to prowadzić do systemowego gromadzenia się tkanki łącznej w organach trzewnych, takich jak wątroba produkująca marskość wątroby, płuca produkujące śródmiąższowe choroby płuc, nerki produkujące zespół MEN, trzustka produkująca zwłóknienie trzustki i CCP, serce produkujące kardiomiopatię i EMF oraz drzewo naczyniowe produkujące angiopatię śluzówkową. Fruktoza ma niską wartość km dla ketokinaz w porównaniu z glukozą i jest selektywnie fosforylowana. Powoduje to wyczerpanie komórkowe ATP i hamowanie błonowej ATPazy potasowo-sodowej, co prowadzi do wzrostu poziomu wapnia wewnątrzkomórkowego. Wapń produkuje mitochondrialne PT dysfunkcji porów i redox stresu. Stres redoks może indukować reduktazę aldozy. Wyczerpanie ATP powoduje dalsze hamowanie fosforylacji glukozy. Prowadzi to do hiperglikemii. Archaea posiada ścieżkę glikolityczną, częściowy cykl kwasu cytrynowego i odwrócony cykl kwasu cytrynowego do wiązania dwutlenku węgla. Archaiki mogą indukować fenotyp Warburga w tkankach ludzkich z nasileniem glikolizy, hamowaniem dehydrogenazy pirogronianowej i hamowaniem fosforylacji oksydacyjnej mitochondriów. Powoduje to akumulację pirogronianu, który wchodzi w schemat shuntowy GABA generując sukcynylo CoA i glicynę do syntezy porfiryn. Glukoza nagromadzona w wyniku blokady fosforylacji glukozy jest metabolizowana przez archaiczne pirogroniany generujące pirogronian. Pirogronian może wejść do cyklu TCA poprzez dehydrogenazę pirogronianu generującą acetyl CoA do syntezy kwasów tłuszczowych i cholesterolu. Archaea mogą katabolizować cholesterol i generować energię. Archaiowie mogą przekształcać pirogronian za pomocą bocznika GABA w porfirynę. W ten sposób zwiększa się synteza porfiryn, cholesterolu i katabolizmu, triglicerydów, kwasów nukleinowych i GAG. Zmieniają się wzorce metaboliczne. Blokada fosforylacji glukozy przez fruktozę prowadzi do hiperglikemii, która może blokować lub hamować akumulację porfiryn. Porfiryny mają falowe istnienie cząsteczek w stanie makroskopowym i przyczyniają się do postrzegania kwantowego lub pozazmysłowego w homo neandertalis. Komórkowe zubożenie ATP wynikające z fosforylacji fruktozy powoduje generowanie ADP i AMP, które są aktywowane przez deaminazy produkujące kwas moczowy. Kwas moczowy może blokować funkcje mitochondrialne, generując stres redoksowy i dalszą indukcję reduktazy aldozowej. Kwas moczowy może hamować cykl TCA z powodu hamowania aconitazy. Powoduje to gromadzenie się cytrynianu, który jeszcze bardziej blokuje glikolizę. Cytrynian jest aktywowany przez indukowaną lizę cytrynianową i syntazę kwasów tłuszczowych produkujących kwasy tłuszczowe. Może to prowadzić do syntezy i akumulacji trójglicerydów oraz zespołu gromadzenia się tłuszczu. Kwasy tłuszczowe mogą blokować metabolizm glukozy i szlak glikolizacyjny. Działanie mitochondriów jest blokowane przez kwas moczowy, fruktozę i digoksynę. Tablice porfirynowe mogą funkcjonować jako nadcząsteczkowe organizmy zwane porfirynami oraz przenosić elektrony i fotony. Funkcjonuje on jako prymitywna forma mitochondriów generujących ATP. Zahamowanie błonowej ATPazy potasowo-sodowej w wyniku zubożenia ATP prowadzi do syntezy ATP za pośrednictwem błonowej ATP potasowo-sodowej. Membranowy układ porfirynowy i membranowa synteza ATP potasowo-sodowa za pośrednictwem ATP mogą dostarczać organizmowi energii. Fruktozemia może prowadzić do zwiększonej syntezy rybozy za pośrednictwem szlaku fosforanu pentosu, indukując syntezę kwasu nukleinowego i proliferację komórek. Może to prowadzić do onkogenezy. Fruktozemia może prowadzić do fruktosylacji białek produkujących białka antygenowe. Zubożenie ATP w wyniku fosforylacji fruktozy może prowadzić do stresu redoks, aktywacji NFKB i aktywacji immunologicznej. Prowadzi to do chorób autoimmunologicznych. Fruktoza może hamować pochodzące z mózgu neurotroficzny czynnik wzrostu i prowadzić do genezy schizofrenii i autyzmu. Zubożenie komórek ATP w wyniku fosforylacji fruktozy może prowadzić do śmierci komórek i neurodegeneracji. Niska wartość km fruktozy dla ketokinazy może prowadzić do selektywnej fosforylacji fruktozy w szybkim tempie uszczuplającym komórki zapasów ATP. Hamuje to fosforylację glukozy, powodując zahamowanie metabolizmu glukozy, co prowadzi do hiperglikemii i zespołu metabolicznego. Generowany przez ten szlak kwas moczowy może prowadzić do dysfunkcji śródbłonka, choroby wieńcowej i udarów mózgu. Tak więc związany z globalnym ociepleniem wzrost aktynowców może prowadzić do zapalenia fruktozowego, fruktozemii i zespołu lemuryjskiego wpływającego na układy wielonarządowe.

ROZDZIAŁ 7

OGRZEWANIE GLOBALNE POWIĄZANE Z EPIDEMICZNYM SYNDROMEMEM LEMURYCZNYM GLYCOLYTICZNYM - GLYCOLYTICZNA SYNDROMA Nerkowa, sercowo-naczyniowa, płucna, ENDOKRYNA, WĘGRYCZNA i żołądkowo-jelitowa

Globalne ocieplenie prowadzi do zwiększenia endosymbiotycznego wzrostu aktynowców. Archaea to ekstremofile. Aktynoidalne archaiki przeżywają katabolizację cholesterolu. Archaiki i ich antygeny indukują HIF alfa i aktywują szlak glikolityczny. Aktywacja szlaku glikolitycznego indukuje zwiększoną konwersję glukozy do fruktozy poprzez aktywację szlaku sorbitolowego. Glukoza jest przekształcana do sorbitolu przez reduktazę aldozową, a sorbitol do fruktozy przez działanie dehydrogenazy sorbitolowej. Fruktoza jest fosforylowana przez heksokinazę lub fruktokinazę do fosforanu fruktozy. Heksokinaza ma niską wartość km dla fruktozy i minimalne ilości fruktozy zostaną przekształcone w fosforan fruktozy zubożający komórkowy ATP. ATP jest przekształcany na AMP, a pod wpływem działania AMP deaminaza jest przekształcana na kwas moczowy. W ten sposób dochodzi do hiperurykemii, a zubożenie ATP powoduje również hamowanie ATPazy potasowo-sodowej. Inhibicja błonowej ATPazy sodowo-potasowej zwiększa ilość wapnia wewnątrzkomórkowego i uszczupla magnez. Powoduje to obumieranie komórek poprzez otwarcie mitochondrialnych porów PT, aktywację NFKB i aktywację immunologiczną, ekskotoksyczność glutaminianów i aktywację onkogenów, co prowadzi do zaburzeń systemowych. Zubożenie ATP ostatecznie hamuje heksokinazę jako taką, a fosforylacja glukozy przestaje blokować szlak glikolityczny i jego sprzężenie z oksydacyjną fosforylacją mitochondrialną poprzez działanie heksokinazy porowej PT. Komórka zostaje wyczerpana energetycznie przez glikolizę i schemat fosforylacji oksydacyjnej i umiera. W ten sposób globalne ocieplenie poprzez indukcję glikolizy i fenotypu Warburga oraz zwiększoną konwersję glukozy do fruktozy i wynikające z tego zubożenie komórek ATP może prowadzić do zaburzeń systemowych i dysfunkcji komórek, a także ich śmierci. Może to prowadzić do powstania zespołu systemowego związanego z globalnym ociepleniem.

Globalne ocieplenie prowadzi do neandertalizacji gatunku ludzkiego w wyniku wzrostu archaicznych aktynowców. Neandertalczycy przyzwyczaili się do diety ketogenicznej o wysokiej zawartości tłuszczu i białka. Ciała ketonowe były utleniane, aby generować ATP w mitochondriach. Neandertalczycy z powodu aktynowego wzrostu archaicznego w wyniku spożywania diety glukogennej prowadzą do indukcji enzymów glikolitycznych. Enzymy glikolityczne są cytosoliczne. Enzymy glikolityczne są antygenowe u neandertalczyków. Enzymy glikolityczne były tłumione u homo neandertalczyków, którzy jedli dietę ketogenną. Powoduje to tłumienie indukowanych enzymów glikolitycznych przez tworzenie przeciwciał w homo neandertalis, które powstają w wyniku wzrostu archeologicznego będącego konsekwencją globalnego ocieplenia. Blokada glikolizy powoduje blokadę energetyczną komórek. Powoduje to hiperglikemię i zespół metaboliczny x. Glukoza jest przekształcana do sorbitolu przez reduktazę aldozową, a sorbitol przez fruktokinazę do fruktozy. Enzym fruktokinazy pochodzi od neandertalczyków, którzy spożywali owoce wraz z tłuszczem i białkiem z mięsa. Fruktoza jest fosforylowana do fosforanu fruktozy, który wyczerpuje komórki ATP. Hamuje to błonową ATPazę potasowo-sodową prowadzącą do wzrostu poziomu wapnia wewnątrzkomórkowego i redukcji wewnątrzkomórkowego magnezu. Powoduje to ekskitotoksyczność glutaminianu i neurodegenerację, aktywację onkogenną i złośliwość, aktywację NFKB i chorobę autoimmunologiczną, uwalnianie neuroprzekaźników monoaminowych z pęcherzyków presynaptycznych i schizofrenii oraz wszystkie choroby układowe. Zwiększone stężenie glukozy jest metabolizowane przez glikolizę archaiczną i cykl kwasu cytrynowego. Pirogronian generowany przez glikolizę archeologiczną wchodzi w schemat shuntowy GABA generując sukcynylowy koA i glicynę, które są substratami do syntezy porfiryn. Cykl kwasu cytrynowego może być redukcyjny, generujący wiązanie dwutlenku węgla, podobny do kalwińskiego cyklu fotosyntezy lub utleniający, generujący acetyl CoA, który jest wykorzystywany do syntezy cholesterolu przez szlak mewalonianu. Glikoliza archeologiczna generuje również 1,6 difosforan fruktozy, który wchodzi w ścieżkę fosforanu pentozy, wytwarzając fosforan D xylulozy, który jest substratem dla ścieżki DXP syntezy cholesterolu archeologicznego. Archaea syntetyzuje cholesterol zarówno na drodze mewalonianu, jak i na drodze DXB. Archaea może wykorzystywać cholesterol do celów energetycznych, katabolizując go. Pierścień cholesterolowy jest utleniany do pirogronianu, który przedostaje się do bocznicy GABA, która zapewnia substraty dla cyklu kwasu cytrynowego. Pirogronian jest przekształcany w glutaminian i amoniak. Archaea może utleniać amoniak dla energii. Łańcuch boczny cholesterolu jest utleniany do maślanu i propionianu, który może być dalej wykorzystywany do celów energetycznych. Energetyka archaiczna zależy od glikolizy, cyklu kwasu cytrynowego, utleniania amoniaku i katabolizmu cholesterolowego. Przeciwciała przeciwko enzymom glikolitycznym aldolaza, enolaza, GAPDH i kinaza pirogronowa przyczyniają się do rozwoju zespołu metabolicznego x, schizofrenii, zaburzeń nastroju, autyzmu, stwardnienia rozsianego, tocznia, choroby

Alzheimera i choroby Parkinsona. Podwyższenie poziomu glikolizy przyczynia się do powstania stanu nowotworowego. Przeciwciała produkowane są zarówno przeciwko indukowanym enzymom glikolitycznym, jak i archeologicznym enzymom glikolitycznym. Blokada glikolizy prowadzi do wtórnej dysfunkcji mitochondriów. Schemat glikolityczny jest sprzężony z oksydacyjną fosforylacją mitochondrialną za pomocą mitochondrialnej heksokinazy porów PT. Przeciwciała przeciwko glikolizie blokują glikolizę i powodują wtórną dysfunkcję mitochondriów. Komórka wykorzystuje całą swoją energię. Zubożenie ATP przez fosforylację fruktozy powoduje hamowanie błonowej ATPazy potasowo-sodowej i hibernację komórek oraz transformację komórek macierzystych. Systemy tkankowe człowieka zatrzymują się i tworzą ramy dla rozwoju kolonii archeologicznych. Organizm ludzki staje się zombie dla archeologicznych kolonii, które są wieczne. Wpływa to na funkcjonowanie takich układów narządów jak wątroba produkująca marskość wątroby, płuca produkujące śródmiąższową chorobę płuc, włóknienie nerek i CRF, kardiomiopatia i choroba Alzheimera. Można to nazwać syndromem zombie. Zubożenie ATP przez fosforylację fruktozy generuje ADP i AMP, które poprzez działanie deaminazy AMP wytwarzają kwas moczowy i hiperurykemię. Zespół zombie przekształca organizm ludzki w strukturę sieci kolonii archeologicznych. Archaiowie mogą wydzielać RNA i wiroidy DNA, które mogą rekombinować z ludzkimi endogennymi sekwencjami retrowirusowymi i sekwencjami ludzkiego DNA generującymi nowe wirusy RNA, wirusy DNA i bakterie. W ten sposób zespół zombie prowadzi do generowania nowych bakterii i wirusów. Zespół zombie może być leczony przez tłumienie glikolizy. Można tego dokonać poprzez podawanie diety ketogenicznej pochodzącej z błonnika z krótkołańcuchowych kwasów tłuszczowych - maślanowego i octanowego, wielonienasyconych kwasów tłuszczowych i krótkołańcuchowych kwasów tłuszczowych, takich jak kwas laurynowy.

Zespół zombie globalnego ocieplenia powoduje przemianę glukozy w fruktozę poprzez indukcję reduktazy aldozowej powstającej w wyniku odwodnienia. Glukoza jest najpierw przekształcana do sorbitolu przez reduktazę aldozową, a następnie przez dehydrogenezę sorbitolową do fruktozy. Fruktoza ma wysoką wartość dla ketokinazy, jest fosforylowana i wchodzi w drogę fosforanu pentozowego. Fruktoza jest przekształcana w fosforan glukozaminy i fosforan galaktozaminy. Nasila się synteza glikozaminoglikanów. Powoduje to gromadzenie się GAG w naczyniach produkujących angiopatię śluzówkową, MEN produkujących nerki, EMF produkujących serce, CCP produkujących trzustkę i MNG produkujących tarczycy. Może również powodować zwłóknienie płuc i wątroby, wytwarzając marskość wątroby i choroby śródmiąższowe płuc. Choroby te są powszechne w ciepłych krajach tropikalnych, na południe od równika, i można je nazwać zespołem Lemuriana. Wzrost wartości km fruktozy dla ketokinazy powoduje zwiększenie fosforylacji fruktozy nad glukozą produkującą hiperglikemię i zespół metaboliczny. Fosforylacja fruktozy wyczerpuje komórkę ATP i przekształca ATP w AMP i ADP, na które działa deaminaza ATP produkująca kwas moczowy. Przenikanie fruktozy do szlaku fosforanu pentozy powoduje zwiększenie produkcji rybozy i kwasu nukleinowego oraz produkcji kwasu moczowego w wyniku degradacji purynowej. Występuje hiperurykemia. Wada rurkowa MEN powoduje hipokaliemię i hiponatremię. Wzrost zawartości fruktozy powoduje glikacja fruktozowa białek, co prowadzi do powstawania białek antygenowych i chorób autoimmunologicznych. Fruktoza może powodować stan zapalny i autoimmunizacyjny. Nazywa się to zapaleniem fruktozowym. Wzrost zawartości fruktozy, która jest kierowana do szlaku fosforanu pentozy i syntezy rybozy prowadzi do zwiększonej syntezy kwasu nukleinowego i powstawania nowotworów. Zubożenie ATP komórkowego w wyniku fosforylacji fruktozy powoduje śmierć komórek i degenerację neuronów. Śmierć komórek w błonie śluzowej jelita narusza barierę jelitową krwi, wywołując zespół jelita cieknącego, odpowiedź ostrej fazy i zespół metaboliczny x oraz autoimmunizację. Fosforylacja fruktozy i zubożenie ATP powoduje zahamowanie błony sodowo-potasowej ATPazy i wzrost poziomu wapnia wewnątrzkomórkowego oraz redukcję wewnątrzkomórkowego magnezu. Powoduje to insulinooporność, pobudzenie glutaminianów, aktywację onkogenów, wydzielanie monoamin z pęcherzyków presynaptycznych i schizofrenii oraz aktywację NFKB i autoimmunizację. Przekierowanie fruktozy do syntezy glukozaminy i zwiększona synteza GAG powoduje zwiększoną syntezę siarczanu heparyny, który połączy się z białkami tworzącymi amyloid. Tworzenie amyloidu jest podstawą choroby neuronów ruchowych, w której amyloid tworzą białka rybonukleoproteiny. W chorobie Parkinsona alfa synukleina tworzy amyloid. W chorobie Alzheimera tworzy się beta amyloid. Białka hamujące rozwój nowotworu tworzą amyloid i prowadzą do onkogenezy. Związany z wysepką polipeptyd amyloidowy stanowi podstawę wadliwego wydzielania insuliny w zespole metabolicznym x. W chorobie Alzheimera tworzy się amyloid.

Globalne ocieplenie prowadzi do indukcji reduktazy aldozowej. Reduktaza aldozowa przekształca glukozę w sorbitol. Sorbit jest przekształcany w fruktozę przez dehydrogenazę sorbitolową. Fruktoza jest fosforylowana przez fruktokinazę, a ketokinazy mają wyższą wartość km dla fruktozy niż glukoza. Powoduje to szybką fosforylację fruktozy i zubożenie komórkowego ATP. Wyczerpanie ATP komórkowego ma dwa skutki. ATP jest przekształcany w ADP i AMP. ADP i AMP są aktywowane przez deaminazy wytwarzające kwas moczowy. Hiperurykemia jest cechą zjawiska metabolicznego związanego z globalnym ociepleniem. Wyczerpanie ATP prowadzi do dysfunkcji cewek nerkowych produkujących utratę elektrolitów i aminokwasów. Powoduje to nieswoistą aminokwasowość, hipokaliemię i hiponatremię. Nie ma obrzęku ani nadciśnienia. Prowadzi to do przewlekłej choroby tubulointerstytutycznej zwanej nefropatią mezoamerykańską. Wyczerpanie komórkowe ATP może spowodować śmierć komórek prowadzącą do degeneracji neuronów. Wyczerpanie ATP powoduje hamowanie błonowej ATPazy potasowo-sodowej i wzrost poziomu wapnia wewnątrzkomórkowego oraz redukcję wewnątrzkomórkowego magnezu. Powoduje to aktywację immunologiczną poprzez indukcję NFKB, aktywację onkogenną, ekskotoksyczność glutaminianów i neurodegenerację, uwalnianie monoamin do połączenia synaptycznego i schizofrenii. Wyczerpanie ATP może również wpływać na barierę krwi jelitowej, wywołując odpowiedź ostrej fazy i zespół nieszczelnego jelita. Odpowiedź ostrej fazy może prowadzić do wystąpienia zespołu metabolicznego x. Wyczerpanie ATP ze względu na powinowactwo ketokinaz do fruktozy prowadzi do braku fosforylacji glukozy. Prowadzi to do hiperglikemii i zespołu metabolicznego x. Nagromadzona glukoza przekształca się w fruktozę tworząc zespół zapalenia fruktozy.

Fruktoza ma dwa fatygi metaboliczne. Fruktoza może ulec fosforylacji do fosforanu fruktozy i wejść w drogę fosforanu pentozowego, generując rybozę ważną w syntezie kwasu nukleinowego. Katabolizm purynowy może generować kwas moczowy. Synteza kwasu nukleinowego może prowadzić do zwiększonej proliferacji komórek i onkogenezy. Dlatego też, związane z globalnym ociepleniem zapalenie fruktozy może prowadzić do onkogenezy. Nagromadzona fruktoza może również wchodzić w drogę syntezy glikozaminoglikanów i proteoglikanów. Fruktoza jest fosforylowana i przekształcana w fosforan fruktozy, który może być przekształcony w glukozaminę i galaktozaminę, które są substratami do syntezy glikozaminoglikanów. Powoduje to akumulację mukopolisacharydów tkanki łącznej w organizmie i tkankach prowadzących do stanów chorobowych, takich jak zwłóknienie mięśnia sercowego, przewlekłe kalcyficzne zapalenie trzustki, wole wielogruczołowe i angiopatia śluzówkowa, które mogą być klasyfikowane jako zespół sercowo-naczyniowy i hormonalny nieznanego pochodzenia związany z globalnym ociepleniem zbliżonym do MEN. Nagromadzenie mukopolisacharydów może wystąpić w wątrobie produkującej marskość wątroby i w płucach produkujących śródmiąższową chorobę płuc. Mukopolisacharyd, siarczan heparyny może łączyć się z białkami prionowymi wytwarzając odkładanie się amyloidu prowadzące do chorób konformacyjnych. Należą do nich białka prionowe prowadzące do choroby Creutzfeldta Jakoba, dysmutaza cynku miedziowego i neuronów ruchowych, alfa synukleina i choroba Parkinsona oraz białka hamujące rozwój nowotworów i raka. Znana jest zależność między polipeptydem amyloidem związanym z wysepką a cukrzycą. Tak więc konwersja fruktozy do GAG powoduje chorobę konformacyjną i akumulację amyloidu.

Nagromadzenie fruktozy powoduje fruktosylację białek zbliżoną do glikacji białek. Fruktozylowane białka są antygenowe. Skutkuje to zwiększoną częstością występowania chorób autoimmunologicznych, takich jak toczeń i stwardnienie rozsiane. Konwersja do glukozy na fruktozę i jej fosforylacja wyczerpuje komórkę ATP i powoduje zahamowanie ATPazy sodowo-potasowej. Zwiększa to ilość wapnia wewnątrzkomórkowego, który uwalnia neurotransmitery z pęcherzyków presynaptycznych. W ten sposób następuje wzrost transmisji glutaminianu i monoaminergicznej, co prowadzi do schizofrenii i autyzmu. Wzrost poziomu wapnia wewnątrzkomórkowego może otworzyć mitochondrialne pory PT uwalniając cyto C, który aktywuje kaskadę kaspaz i śmierć komórki. Powoduje to degenerację neuronów.

Konwersja glukozy na fruktozę i fosforylacja fruktozy powoduje zubożenie ATP w komórkach. Zatrzymuje to fosforylację glukozy przez glukokinazę i zatrzymuje wytwarzanie fosforanu glukozy 6. Proces glikolityczny, cykl TCA i jego sprzężenie z oksydacyjną fosforylacją mitochondrialną zostają zahamowane. Organizm jest uzależniony od kwasów tłuszczowych i aminokwasów energetycznych. Organizm może przetrwać tylko na diecie ketogenicznej. Nagromadzona glukoza tworzy podłoże do wykorzystania przez endosymbiotyczne archaiki. Archaiki mają szlak glikolityczny, który może przekształcić glukozę w pirogronian. Pirogronian może następnie wejść na ścieżkę bocznicową GABA generując sukcynyl CoA i glicynę, substraty do syntezy porfiryn przez archaiki i ludzi. Nadcząsteczkowe tablice porfirynowe lub porfiryny mogą przenosić elektrony syntetyzujące ATP. Archaiowie mają również częściowy cykl kwasu cytrynowego, a pirogronian generowany przez glikolizę archaiczną może wejść w częściowy cykl kwasu cytrynowego. Cytrynian może być wykorzystywany do syntezy lipidów. Acetyl CoA generowany z pirogronianu przez archaiki może być wykorzystany do syntezy cholesterolu. Archaiowie mogą katabolizować cholesterol do generowania energii. Pierścień cholesterolowy jest utleniony do pirogronianu, a łańcuch boczny utleniony do maślanu i propionianu. Może to być wykorzystane do mitochondrialnej generacji ATP. Pirogronian generowany przez glikolizę archeologiczną może również zostać poddany cyklowi odwróconego kwasu cytrynowego w celu utrwalenia dwutlenku węgla podobnego do cyklu Calvina. Tak więc glikoliza archeologiczna, częściowy cykl kwasu cytrynowego, odwrotny cykl kwasu cytrynowego dla wiązania dwutlenku węgla, synteza cholesterolu przez mewalonian i ścieżkę DXP oraz katabolizm cholesterolowy dominują. Fruktoza wygenerowana w wyniku przemiany w glukozę może dostać się do szlaku fosforanu pentozy generującego fosforan D ksylulozy i może być wykorzystana do syntezy cholesterolu. Wytworzony w wyniku glikolizy pirogronian może być również przekształcony w acetylo-CoA, który może wejść na ścieżkę mewalonianu archeologicznego syntezy cholesterolu. W ten sposób archaiczne pirograty posiadają zarówno ścieżkę syntezy cholesterolu - ścieżkę DXP, jak i ścieżkę mewalonianu. Fruktoza generowana przez konwersję z glukozy w wyniku globalnego ocieplenia wchodzi na ścieżkę DXP syntezy cholesterolu, ścieżkę fosforanu pentosu oraz syntezy kwasu nukleinowego i GAG. Może to prowadzić do dysfunkcji wielu narządów z włóknieniem i akumulacją mukopolisacharydów, które można nazwać zespołem Lemuriana. Początkowa grupa chorób EMF, CCP, MNG i angiopatia śluzówkowa występuje na południe od równika w południowych Indiach, Afryce Południowej i Ameryce Południowej. MEN związane z globalnym ociepleniem są zgłaszane z Ameryki Środkowej i Południowej. MEN należą do grupy EMF, CCP, MNG i angiopatii śluzówkowej. Można to nazwać syndromem lemuriańskim, ponieważ RPA, RPA, Australia i części Ameryki Południowej były w długiej przeszłości, kiedy istniali neandertalczycy, częścią jednego organizmu kontynentalnego. Globalne ocieplenie i wynikająca z niego przemiana glukozy w fruktozę powoduje wyczerpywanie się ATP z powodu bardziej efektywnej fosforylacji fruktozy nad glukozą. Powoduje to nieefektywną fosforylację glukozy i jej akumulację, co prowadzi do rozwoju archeologicznego. Nagromadzona fruktoza jest przekształcana w fosforan D xylulozy i wykorzystywana w ścieżce DXP syntezy cholesterolu przez archaiki. Cholesterol jest katabolizowany przez endosymbiotyczne archaiki aktynowców generujące digoksynę. Wzrost archaiki aktynowców powoduje zwiększenie syntezy porfiryn i percepcji niskich poziomów pól elektromagnetycznych przez dipolarne układy kwantowe z udziałem porfiryn. Indukowane digoksyną błonowe inhibicje ATPazy potasowo-sodowej w układzie dipolarnej porfiryny w komórce mogą wytwarzać przepompowywany system fononowy odbioru kwantowego. Skutkuje to zanikiem kory przedczołowej i dominacją móżdżku, co prowadzi do neandertalizacji ludzkiego mózgu. Wynika to z endosymbiotycznego wzrostu archeologicznego wynikającego z metabolizmu związanego z globalnym ociepleniem. Ta sama metabolonomia związana z globalnym ociepleniem skutkuje opisaną powyżej genezą zespołu Lemuriana.

Droga metaboliczna fruktozy jest nazywana fruktolizą. Stres oksydacyjny i osmotyczny spowodowany globalnym ociepleniem i aktynoidalnym wzrostem archeologicznym prowadzi do indukcji reduktazy aldozowej. To przekształca glukozę w sorbitol, a sorbitol jest aktywowany przez dehydrogenazę sorbitolową produkującą fruktozę. Fruktoza zwykle ulega fruktolizie. Glikoliza jest hamowana na poziomie fosfhofruktokinazy przez ATP i cytrynian. Droga fruktolityczna i metabolizm fruktozy są ograniczone do wątroby i niektórych tkanek i nie podlegają tej kontroli regulacyjnej. Fruktoza jest przekształcana przez fruktokinazę do 1-fosforanu fruktozy. Fruktoza 1-fosforan jest aktywowana przez aldolazę B lub aldolazę 1-fosforanu fruktozy, przekształcając ją w fosforan dihydroksy acetonu. Fosforan dihydroksy acetonu ma dwa losy: (1) Podlega on działaniu izomerazy fosforanu triozy do 3-fosforanu gliceraldehydu. 3-fosforan gliceraldehydu jest nakładany na 6-fosforan glukozy, a następnie na 1-fosforan glukozy. Glukozo-1-fosforan wykorzystywany jest do glikogenezy. Fosforan dihydroksy acetonu jest aktywowany przez dehydrogenazę 3-fosforanu glicerolu do 3-fosforanu glicerolu. Fruktoza 1-fosforan może być utleniany do pirogronianu. Pirogronian może być dekarboksylowany do acetylu CoA. Acetyl CoA jest używany do syntezy kwasów tłuszczowych i cholesterolu. Prowadzi to do syntezy triglicerydów i tworzenia VLDL. Fruktoza może być w ten sposób przekształcona w glikogen magazynujący, triglicerydy i cholesterol. Globalne ocieplenie i epoka lodowcowa to stany ekstremofilne. Organizm ludzki przechodzi w stan hibernacji i magazynuje składniki odżywcze w postaci glikogenu i trójglicerydów. Fruktoza może zwiększać aktywność enzymów lypogennych: kinazę pirogronianową, dehydrogenazę jabłoniową, lizę cytrynianową, karboksylazę acetylową CoA, dehydrogenazę pirogronianową i syntazę kwasów tłuszczowych. W ten sposób metabolizm jest przełączany do trybu hibernacji z katabolizmu glukozy. Katabolizm glukozy ustaje. Glukoza, która się kumuluje, przechodzi przez archeologiczny, prymitywny cykl glikolityczny i częściowy cykl kwasu cytrynowego, jak również przez ścieżkę bocznikową GABA. Ścieżka bocznicowa GABA w archaikach generuje sukcynyl CoA i glicynę - substraty do syntezy porfiryn. Porfiryny mogą się samoistnie organizować tworząc struktury nadcząsteczkowe, które mogą się samoistnie replikować zwane porfirynami. Porfiryny są ostatecznymi samo-replikatorami. Mogą one posiadać indukowany fotoindukcją łańcuch transportu elektronów i syntezę ATP. Porfiryny są dipolarne i w osadzeniu porfiryny interkalującej błonę komórkową wytwarzającej inhibicję ATPazy potasowo-sodowej mogą wytwarzać przepompowywany układ fononowy. Jest to stan nadprzewodnikowy w temperaturze pokojowej i może wytwarzać postrzeganie ilościowe. Porfiryny są strukturami makrocząsteczkowymi o falistym, szczególnym istnieniu. Porfiryny są ostatecznym obserwatorem kwantowym i pośredniczą w konwersji piany kwantowej do świata cząstek stałych. To globalne ocieplenie wywołane fruktozemią i nagromadzoną wolną glukozą ulegają katabolizacji w wyniku częściowego cyklu kwasu cytrynowego i GABA przetaczania archaiki do porfiryn wytwarzających porfiryny, które mogą przyjąć stan kwantowej piany i zamieszkiwać wiecznie istniejący wieloraki wszechświat. Porfiryny mogą podlegać fotoutlenianiu generującemu stres redoks. Stres redoksowy będzie dalej indukował reduktazę aldozową i zwiększał fruktozemię. Glukoza pozostaje niefosforowana ze względu na wysoką wartość kilometrową glukozy dla ketokinazy w porównaniu z fruktozą. Wolna glukoza jest katabolizowana przez enzymy archeologiczne na porfiryny i porfiryny. Organizm ludzki staje się zombie dla samoreplikujących się porfiryn i porfiryn. Porfiryny mają kwantowe postrzeganie niskiego poziomu EMF. To powoduje zanik kory przedczołowej i dominację móżdżku prowadzącą do neandertalizacji ludzkiego mózgu. Ludzkie drogi metaboliczne glikolizy i fosforylacji oksydacyjnej są zablokowane. Dominuje synteza glikogenu, lipidów, cholesterolu i glikozaminoglikanów. Organizm przechodzi w tryb hibernacji anabolicznej. Fruktokinaza wywołana stresem osmotycznym i stresem oksydacyjnym globalnego ocieplenia przechodzi w tryb hibernacji prowadzący do zespołu metabolicznego lub choroby spichrzania tłuszczu. Wolna glukoza ulega katabolizmowi w wyniku glikolizy archeologicznej i wyrzucenia GABA do porfirii. Porfiryny mogą działać jako wzorzec tworzenia się wiroidów RNA, wiroidów DNA, prionów i ostatecznie symbidują się i żyją razem jako nanoarchaea. W ten sposób nanoarchaea może powstać z szablonów porfirynowych. Supramolekularne tablice porfirynowe mogą mieć łańcuch transportu elektronów i syntezę ATP, prymitywną formę mitochondriów. Nanoarchaea może formować się, jak również samoreplikować na szablonach porfirynowych. Nadcząsteczkowe tablice porfirynowe lub porfiryny również mogą się samoistnie replikować. Ciało ludzkie staje się zombie dla abiogenetycznych porfiryn i nanoarchaea. Porfiryny mogą mieć makroskopijne istnienie kwantowe i zamieszkiwać wielorakie światy. W ten sposób ludzki metabolizm zatrzymuje się i świat nanoarchaonów i porfirów, które są wiecznymi krokami. Rasa ludzka, jak wiemy, wymiera z powodu metabolizmu globalnego ocieplenia. Po raz kolejny wraca do deski rozdzielczej ewolucji.

Zespół ten może być również nazywany fruktozemią lub zapaleniem fruktozowym. Stres oksydacyjny może indukować reduktazę aldozową i przekształcać glukozę w fruktozę. Endosymbiotyczne archaiki syntetyzują digoksynę poprzez katabolizm cholesterolowy. Digoksyna hamuje błonową ATPazę potasowo-sodową i zwiększa ilość wapnia wewnątrzkomórkowego otwierającego mitochondrialne pory PT. Powoduje to dysfunkcję mitochondriów i stres oksydacyjny. Stres oksydacyjny może indukować reduktazę aldozową i przekształcać całą glukozę w fruktozę. Fruktoza ma niską wartość km dla ketokinazy w porównaniu z glukozą i jest preferencyjnie fosforylowany. Glukoza pozostaje niefosforylowana, a schemat glikolityczny i jej sprzężona mitochondrialna fosforylacja oksydacyjna jest spowolniona lub zahamowana. Mitochondrialny ATP i cytrynian mogą hamować fosfostruktokinazę i glikolizę, ale nie mogą hamować fruktokinazy lub reduktazy aldozowej. Dlatego też proces konwersji glukozy do fruktozy trwa nadal. Generowana fruktoza może hamować funkcję mitochondriów, prowadząc do większego stresu oksydacyjnego i jeszcze większej indukcji reduktazy aldozowej. Efektywna fosforylacja fruktozy powoduje zubożenie komórki ATP produkującej stres oksydacyjny i indukcję NFKB, co prowadzi do przewlekłego stanu zapalnego. Stres oksydacyjny spowodowany wyczerpaniem ATP może powodować dalszą indukcję reduktazy aldozowej i wytwarzanie fruktozy. Wyczerpanie ATP powoduje zmęczenie pacjenta. Wzrost stężenia fruktozy hamuje sytość, a zachowanie żywieniowe pacjenta ulega zmianie, prowadząc do otyłości. Prowadzi to do powstania zespołu metabolicznego x. Zespół metaboliczny x jest zespołem gromadzenia tłuszczu zbliżonym do hibernacji. Generowana fruktoza jest przekształcana w glicerofosforan alfa, który jest wykorzystywany do syntezy trójglicerydów. Spożycie fruktozy może zwiększyć syntezę trójglicerydów oraz tłuszczów w wątrobie. Zubożony ATP w wyniku fosforylacji fruktozy generuje AMP i ADP, które są przekształcane przez deaminazy do kwasu moczowego. Kwas moczowy może hamować funkcję mitochondriów. Kwas moczowy może przyczyniać się do powstawania insulinooporności i zespołu metabolicznego x. Kwas moczowy może również powodować dysfunkcję śródbłonka, przyczyniając się do choroby wieńcowej i udaru mózgu. Kwas moczowy hamuje aconitazę, która prowadzi do gromadzenia się cytrynianów. Kwas moczowy może indukować lizę cytrynianową i syntezę acylu CoA, prowadząc do syntezy kwasu tłuszczowego. Nagromadzony cytrynian może blokować szlak glikolityczny. Nagromadzona glukoza zostaje przekształcona w fruktozę przez reduktazę aldozową. Kwas moczowy redukuje NADPH i utleniony NAD+. Wpływa to na potencjał redoks i prowadzi do stresu oksydacyjnego, który dodatkowo indukuje reduktazę aldozową. Reduktaza aldozowa może być indukowana przez stres hiperosmotyczny. Należy do nich hiperglikemia powstała w wyniku blokady fosforylacji glukozy w wyniku selektywnej fosforylacji fruktozy z powodu niskiej wartości km fruktozy dla ketokinazy. Ten sam mechanizm działa w odwodnieniu wywołanym przez globalne ocieplenie. Prowadzi to do hiperosmolarności, która indukuje reduktazę aldozową. Mechanizmy te są podobne do tego, co dzieje się w czasie hibernacji u zwierząt. Hibernujące zwierzęta rozwijają zespół metaboliczny przybierający na wadze, magazynują tłuszcz, zwiększają ilość trójglicerydów, rozwijają tłustą wątrobę i rozwijają insulinooporność. Hibernacja i zespół metaboliczny x są zespołami gromadzenia tłuszczu. Neandertalczycy rozwinęli się w zimnych stepach euroazjatyckich i rozwinęli zespół hibernacji podobny do zespołu metabolicznego z gromadzeniem tłuszczu. Stres wywołany przez epokę lodowcową wywołałby stres redoks, wywołałby reduktazę aldozy i przekształcił glukozę w fruktozę. Fruktoza zostałaby selektywnie fosforylowana do fosforanu fruktozy, który dostałby się do szlaku fosforanu pentozy, generując rybozę do syntezy kwasu nukleinowego, szlaku glukozaminy do syntezy glikozaminoglikanu i/lub przekształcona do alfa glicerofosforanu do syntezy kwasu tłuszczowego i triglicerydów. Fruktozamia może również wpływać na funkcjonowanie mózgu. Fruktoza może hamować BDNF i hamować wzrost korowy, powodując zanik kory mózgowej dominującej w móżdżku i kory przedczołowej. Spowodowałoby to neandertalizację mózgu. Konwersja fosforanu fruktozy na rybozę poprzez szlak fosforanu pentozy zwiększa syntezę kwasu nukleinowego i proliferację komórek. Prowadzi to do onkogenezy. Proliferacja komórek może również przyczynić się do powstania nieporęcznego fenotypu populacji neandertalczyków. Enzym fruktokinazy działa jak switch otyłości. Otwarcie przełącznika otyłości przyczynia się również do powstania nieporęcznego fenotypu populacji neandertalczyków. Stres oksydacyjny i stres osmotyczny epoki lodowcowej i globalnego ocieplenia mogą wywołać reduktazę aldozową pośredniczącą w konwersji glukozy do fruktozy poprzez enzym dehydrogenazy sorbitolowej. Prowadzi to również do indukcji fruktokinazy, powstawania fruktozy, frukotemii i zapalenia fruktozy. Podwyższona zawartość fruktozy może prowadzić do wytwarzania białek antygenowych i chorób autoimmunologicznych przez fruktozylaty. Tym samym fruktozemia może przyczyniać się do onkogenezy, zespołu metabolicznego x, neurodegeneracji, zaburzeń psychicznych, takich jak schizofrenia i autyzm, a także chorób autoimmunologicznych. Fruktozemia może przyczyniać się do powstawania oporności na insulinę. Selektywna fosforylacja fruktozy ze względu na niską wartość km ketokinazy dla fruktozy prowadzi do niefosforylacji glukozy i hiperglikemii. Insulinooporność prowadzi do dalszej indukcji reduktazy aldozowej i fruktokinazy. Fruktoza może powodować zubożenie ATP i stres oksydacyjny. Stres oksydacyjny może indukować NFKB produkujący przewlekły stan zapalny, a TNF alfa może wytwarzać insulinooporność działającą na poziomie receptora insulinowego. Insulinooporność aktywuje jeszcze bardziej system aldozowej reduktazy fruktokinazy, który jest dodatkowo aktywowany przez stres osmotyczny i oksydacyjny w skrajnych warunkach klimatycznych, takich jak globalne ocieplenie i epoka lodowcowa. Prowadzi to do zespołu układowego Lemuriana - fruktozemii i zapalenia fruktozy. Zespół Lemuriana może wytwarzać CKD nieznanego pochodzenia, choroby płuc, choroby sercowo-naczyniowe, marskość wątroby, choroby żołądkowo-jelitowe i cukrzycę typu mellitus.

Neandertalczycy mieszkali w Euroazjatyckich Stepach, które były zimne. Ewoluował u nich metabolizm hibernacyjny i syndrom przechowywania tłuszczu, aby chronić ich przed przeziębieniem. Neandertalczycy rozwinęli się dzięki endosymbiotycznemu wzrostowi archeologicznemu. Endosymbiotyczne archaiki są ekstremofilami i rosną w ekstremalnych warunkach klimatycznych - w epoce lodowcowej i globalnym ociepleniu. Globalne ocieplenie powoduje wzrost endosymbiotycznego wzrostu archaibów i neandertalizację gatunku homo sapien. Neandertalizacja jest zjawiskiem symbiotycznym. Globalne ocieplenie może prowadzić do odwodnienia i stresu osmotycznego. Archaiki mogą katabolizować cholesterol generując digoksynę, która może wywołać stres redoks. Stres osmotyczny i redox prowadzą do indukcji enzymu reduktazy aldozowej, który przekształca glukozę w sorbitol. Sorbitol jest aktywowany przez dehydrogenazę sorbitolu i przekształcany w fruktozę. Fruktoza może wchodzić w trzy schematy metaboliczne. Fruktoza jest przekształcana na alfa-glicerofosforan i trójglicerydy. Powoduje to magazynowanie glukozy i fruktozy w postaci tłuszczu oraz syndrom przechowywania tłuszczu. Tłuszcz podskórny chroni przed wahaniami temperatury klimatycznej. Fruktoza może hamować funkcje mitochondriów i mitochondrialne utlenianie beta kwasów tłuszczowych, co z kolei wpływa na wydłużenie okresu przechowywania tłuszczu. Tłuszcz może dodatkowo wzmacniać odporność na insulinę poprzez działanie kwasów tłuszczowych na receptor insulinowy. Oporność na insulinę prowadzi do dalszego indukowania reduktazy aldozowej. Fruktoza może również wchodzić w drogę glukozaminy, co prowadzi do syntezy GAG i akumulacji mukopolisacharydów i proteoglikanów. Może to prowadzić do systemowego gromadzenia się tkanki łącznej w organach trzewnych, takich jak wątroba produkująca marskość wątroby, płuca produkujące śródmiąższowe choroby płuc, nerki produkujące zespół MEN, trzustka produkująca zwłóknienie trzustki i CCP, serce produkujące kardiomiopatię i EMF oraz drzewo naczyniowe produkujące angiopatię śluzówkową. Fruktoza ma niską wartość km dla ketokinaz w porównaniu z glukozą i jest selektywnie fosforylowana. Powoduje to wyczerpanie komórkowe ATP i hamowanie błonowej ATPazy potasowo-sodowej, co prowadzi do wzrostu poziomu wapnia wewnątrzkomórkowego. Wapń produkuje mitochondrialne PT dysfunkcji porów i redox stresu. Stres redoks może indukować reduktazę aldozy. Wyczerpanie ATP powoduje dalsze hamowanie fosforylacji glukozy. Prowadzi to do hiperglikemii. Archaea posiada ścieżkę glikolityczną, częściowy cykl kwasu cytrynowego i odwrócony cykl kwasu cytrynowego do wiązania dwutlenku węgla. Archaiki mogą indukować fenotyp Warburga w tkankach ludzkich z nasileniem glikolizy, hamowaniem dehydrogenazy pirogronianowej i hamowaniem fosforylacji oksydacyjnej mitochondriów. Powoduje to akumulację pirogronianu, który wchodzi w schemat shuntowy GABA generując sukcynylo CoA i glicynę do syntezy porfiryn. Glukoza nagromadzona w wyniku blokady fosforylacji glukozy jest metabolizowana przez archaiczne pirogroniany generujące pirogronian. Pirogronian może wejść do cyklu TCA poprzez dehydrogenazę pirogronianu generującą acetyl CoA do syntezy kwasów tłuszczowych i cholesterolu. Archaea mogą katabolizować cholesterol i generować energię. Archaiowie mogą przekształcać pirogronian za pomocą bocznika GABA w porfirynę. W ten sposób zwiększa się synteza porfiryn, cholesterolu i katabolizmu, triglicerydów, kwasów nukleinowych i GAG. Zmieniają się wzorce metaboliczne. Blokada fosforylacji glukozy przez fruktozę prowadzi do hiperglikemii, która może blokować lub hamować akumulację porfiryn. Porfiryny mają falowe istnienie cząsteczek w stanie makroskopowym i przyczyniają się do postrzegania kwantowego lub pozazmysłowego w homo neandertalis. Komórkowe zubożenie ATP wynikające z fosforylacji fruktozy powoduje generowanie ADP i AMP, które są aktywowane przez deaminazy produkujące kwas moczowy. Kwas moczowy może blokować funkcje mitochondrialne, generując stres redoksowy i dalszą indukcję reduktazy aldozowej. Kwas moczowy może hamować cykl TCA z powodu hamowania aconitazy. Powoduje to gromadzenie się cytrynianu, który jeszcze bardziej blokuje glikolizę. Cytrynian jest aktywowany przez indukowaną lizę cytrynianową i syntazę kwasów tłuszczowych produkujących kwasy tłuszczowe. Może to prowadzić do syntezy i akumulacji trójglicerydów oraz zespołu gromadzenia się tłuszczu. Kwasy tłuszczowe mogą blokować metabolizm glukozy i szlak glikolizacyjny. Działanie mitochondriów jest blokowane przez kwas moczowy, fruktozę i digoksynę. Tablice porfirynowe mogą funkcjonować jako nadcząsteczkowe organizmy zwane porfirynami oraz przenosić elektrony i fotony. Funkcjonuje on jako prymitywna forma mitochondriów generujących ATP. Zahamowanie błonowej ATPazy potasowo-sodowej w wyniku zubożenia ATP prowadzi do syntezy ATP za pośrednictwem błonowej ATP potasowo-sodowej. Membranowy układ porfirynowy i membranowa synteza ATP potasowo-sodowa za pośrednictwem ATP mogą dostarczać organizmowi energii. Fruktozemia może prowadzić do zwiększonej syntezy rybozy za pośrednictwem szlaku fosforanu pentosu, indukując syntezę kwasu nukleinowego i proliferację komórek. Może to prowadzić do onkogenezy. Fruktozemia może prowadzić do fruktosylacji białek produkujących białka antygenowe. Zubożenie ATP w wyniku fosforylacji fruktozy może prowadzić do stresu redoks, aktywacji NFKB i aktywacji immunologicznej. Prowadzi to do chorób autoimmunologicznych. Fruktoza może hamować pochodzące z mózgu neurotroficzny czynnik wzrostu i prowadzić do genezy schizofrenii i autyzmu. Zubożenie komórek ATP w wyniku fosforylacji fruktozy może prowadzić do śmierci komórek i neurodegeneracji. Niska wartość km fruktozy dla ketokinazy może prowadzić do selektywnej fosforylacji fruktozy w szybkim tempie uszczuplającym komórki zapasów ATP. Hamuje to fosforylację glukozy, powodując zahamowanie metabolizmu glukozy, co prowadzi do hiperglikemii i zespołu metabolicznego. Generowany przez ten szlak kwas moczowy może prowadzić do dysfunkcji śródbłonka, choroby wieńcowej i udarów mózgu. Tak więc związany z globalnym ociepleniem wzrost aktynowców może prowadzić do zapalenia fruktozowego, fruktozemii i zespołu lemuryjskiego wpływającego na układy wielonarządowe.

ROZDZIAŁ 8

FENOTYP WARBURGA I PORFIRYNY - ZWIĄZEK Z DYSAUTONOMIĄ CVS-PULMONARY-GIT, MIKROANGIOPATIĄ WIEŃCOWO-MÓZGOWĄ, NIEWYDOLNOŚCIĄ POLIENDOKRYNNĄ I ZESPOŁEM PRZEWLEKŁEGO ZMĘCZENIA/ZESPOŁEM BÓLOWYM

Wprowadzenie

Archaika aktynowców jest opisana jako endosymbiont u ludzi i może wywołać porfirynurię u ludzi. Badanie ma na celu powiązanie aktynowców archaicznych do patogenezy migreny, astmy oskrzelowej, nadciśnienia tętniczego z neuropatią autonomiczną serca, zespół jelita drażliwego, nieswoiste zapalenie jelit, dysautonomia płciowa, choroba wrzodowa, niewydolność poliendokrynna, encefalopatia Hashimoto, mikroangiopatyczna choroba mózgu / wieńcowa, wodogłowie normalne ciśnienie, zespół paniki i zespół przewlekłego zmęczenia. Opisano zależną od aktynowców biosferę cienia archaicznych i wiroidów w wymienionych stanach chorobowych. Archaiki aktynowcowe mają szlak mewalonatowy i ulegają katabolizacji cholesterolowej. Mogą one wykorzystywać cholesterol jako źródło węgla i energii. Katabolizm cholesterolu w archaikach może generować porfirynę poprzez oksydazę pierścieniową generowaną przez pirogronian cholesterolu i ścieżkę bocznikową GABA. Archaea może wytwarzać porfirię wtórną poprzez indukowanie enzymu hem-tlenazy, co prowadzi do zubożenia hemu i aktywacji enzymu syntazy ALA. Badanie ma również na celu odniesienie porfiryn do patogenezy migreny, astmy oskrzelowej, nadciśnienia tętniczego z neuropatią autonomiczną serca, zespół jelita drażliwego, nieswoiste zapalenie jelit, dysautonomia seksualna, choroba wrzodowa, niewydolność poliendokrynna, encefalopatia Hashimoto, mikroangiopatyczna choroba mózgu / wieńcowa, wodogłowie normalne ciśnienie, zespół paniki i zespół chronicznego zmęczenia. Zespół ten z porfirynurią może występować jako pojedyncze jednostki lub w różnych kombinacjach. Stanowi on nabytą wadę metaboliczną porfiryn, wynikającą z rozwoju endosymbiontycznych archaicznych aktynowców, a także z zanieczyszczenia środowiska. Zanieczyszczenie środowiska pestycydami i toksynami indukuje enzym cytochromu P450 powodując niedobór hemu, indukcję syntazy ALA i syntezę porfiryn. Można to uznać za zaburzenie postępu cywilizacyjnego. Omówiono rolę archiwalnych porfiryn w regulacji funkcji komórek i integracji neuro-immuno-endokrynnej. Opisano zaburzenia metabolizmu porfiryn związane z dysautonomią CVS-płuc i GIT, mikroangiopatią wieńcowo-mózgową, niewydolnością poliendokrynną i zespołem przewlekłego zmęczenia/zespołem bólowym. [1-5] Mogą one funkcjonować jako samoreplikujące się organizmy nadcząsteczkowe, które można nazwać porfirianami.

Materiały i metody

Do badania włączono następujące grupy:- (1) migrena, (2) astma oskrzelowa, (3) nadciśnienie tętnicze i autonomiczna neuropatia serca (4) zespół jelita drażliwego, (5) choroba zapalna jelit (6) choroba wrzodowa, (7) dysautonomia płciowa (8) niewydolność poliendokrynna, (9) encefalopatia Hashimoto, (10) mikroangiopatyczna choroba mózgu/wieńcowa, (11) wodogłowie normalne ciśnieniowe, (12) zespół paniki i (13) zespół przewlekłego zmęczenia. W każdej grupie znajdowało się 10 pacjentów, a każdy z nich miał dopasowaną do wieku i płci zdrową kontrolę wybraną losowo z populacji ogólnej. Również 10 osób z prawidłową dominacją prawej półkuli, dominacją lewej półkuli i dominacją obu półkuli pochodziło z populacji ogólnej. Próbki krwi pobierano w stanie postu przed rozpoczęciem leczenia. Zastosowano osocze z krwi heparynizowanej na czczo, a protokół doświadczalny był następujący (I) osocze+fosforan buforowany solą fizjologiczną, (II) taki sam jak substrat I+cholesterolowy, (III) taki sam jak II+rutyl 0,1 mg/ml, (IV) taki sam jak II+profloksacyna i doksycyklina, każda w stężeniu 1 mg/ml. Podłoże cholesterolowe zostało przygotowane w sposób opisany przez Richmond. Po zmieszaniu i po inkubacji w temperaturze 37oC przez 1 godzinę próbki wycofywano w czasie zerowym. Przeprowadzono następujące oznaczenia: - cytochrom F420, wolne RNA, wolne DNA, wielopierścieniowe węglowodory aromatyczne, nadtlenek wodoru, pirogronian, amoniak, glutaminian, kwas delta aminolewulinowy, bursztynian, glicyna i digoksyna. Cyktochrom F420 oceniano metodą mąskometryczną (długość fali wzbudzenia 420 nm i długość fali emisji 520 nm). Wielopierścieniowe węglowodory aromatyczne oceniano poprzez pomiar nadtlenku wodoru uwalnianego za pomocą odczynnika glukozowego. Badania obejmowały również ocenę następujących parametrów w populacji pacjentów: digoksyna, kwas żółciowy, heksokinaza, porfiryny, pirogronian, glutaminian, amoniak, acetylo CoA, acetylocholina, reduktaza HMG CoA, cytochrom C, krew ATP, syntaza ATP, ERV RNA (endogenne RNA retrowirusowe), H2O2 (nadtlenek wodoru), NOX (oksydaza NADPH), TNF alfa i heme-tlenaza. [6-9] Do badań uzyskano świadomą zgodę uczestników oraz zgodę komisji etycznej. Analiza statystyczna została przeprowadzona przez ANOVA.

Wyniki

W osoczu osób z grupy kontrolnej stwierdzono zwiększony poziom wyżej wymienionych parametrów po inkubacji przez 1 godzinę i dodaniu substratu cholesterolowego, co spowodowało dalszy znaczący wzrost tych parametrów. Osocze chorych wykazywało podobne wyniki, ale stopień wzrostu był większy. Dodatek antybiotyków do osocza kontrolnego powodował spadek wszystkich parametrów, natomiast dodatek rutylu zwiększał ich poziom. Dodatek antybiotyków do osocza pacjenta spowodował spadek wszystkich parametrów, podczas gdy dodatek rutylu zwiększył ich poziom, ale zakres zmian był większy w osoczu pacjenta w porównaniu z grupą kontrolną. Wyniki są wyrażone w części 1: tabele 1-6 jako procentowa zmiana parametrów po 1 godzinie inkubacji w porównaniu do wartości w czasie zerowym. W populacji pacjentów stwierdzono zwiększoną syntezę porfiryn o charakterze archeologicznym, na co wskazuje aktynowata katalityka reakcji. Droga oksydazy cholesterolowej generowała pirogronian, który wchodził w drogę bocznicową GABA. Efektem tego była synteza sukcynatu i glicyny, które są substratami dla syntazy ALA.

Badania wykazały, że u chorej stwierdzono zwiększoną aktywność hem-tenazy tlenowej i porfiryn oraz dominację prawej półkuli. Aktywność heksokinazy była wysoka. Poziom pirogronianu, glutaminianu i amoniaku był podwyższony, co wskazywało na blokadę aktywności PDH, a także działanie szlaku bocznicowego GABA. Poziom acetylo CoA był niski, a acetylocholina obniżona. Stężenie cytoC było podwyższone w surowicy wskazując na dysfunkcję mitochondriów sugerowaną przez niskie stężenie ATP we krwi. Wskazywało to na fenotyp Warburga. Stwierdzono podwyższone stężenie NOX i TNF alfa, wskazujące na aktywację immunologiczną. Aktywność reduktazy HMG CoA była wysoka, co wskazywało na syntezę cholesterolu. Stężenie kwasu żółciowego było niskie, co wskazywało na zubożenie cytochromu P450. Prawidłowa populacja z dominacją prawej półkuli miała wartości zbliżone do populacji chorych ze zwiększoną syntezą porfiryn. Prawidłowa populacja z dominacją lewej półkuli miała niskie wartości z obniżoną syntezą porfiryn.

Tabela 1. Wpływ rutylu i antybiotyków na cytochrom F420 i PAH

Grupa	**CYT F420 %** (Zwiększyć za pomocą Rutylu)		**CYT F420 %** (Zmniejszyć za pomocą Doxy+Cipro)		**WWA % zmiana** (Zwiększyć za pomocą Rutylu)		**WWA % zmiana** (Zmniejszyć za pomocą Doxy+Cipro)	
	Mean	**± SD**	**Mean**	**± SD**	**Mean**	**± SD**	**Mean**	**± SD**
Normalny	4.48	0.15	18.24	0.66	4.45	0.14	18.25	0.72
Migrena	23.24	2.01	58.72	7.08	23.01	1.69	59.49	4.30
BA	23.46	1.87	59.27	8.86	22.67	2.29	57.69	5.29
HBP	23.12	2.00	56.90	6.94	23.26	1.53	60.91	7.59
IBD/IBS	22.12	1.81	61.33	9.82	22.83	1.78	59.84	7.62
PUD	22.79	2.13	55.90	7.29	22.84	1.42	66.07	3.78
CFS	22.59	1.86	57.05	8.45	23.40	1.55	65.77	5.27
HE/NPH	22.29	1.66	59.02	7.50	23.23	1.97	65.89	5.05
CAD/CVA	22.06	1.61	57.81	6.04	23.46	1.91	61.56	4.61
Niepowodzenie endo	21.68	1.90	57.93	9.64	22.61	1.42	64.48	6.90
Ataki paniki	22.70	1.87	60.46	8.06	23.73	1.38	65.20	6.20
	F wartość 306,749 Wartość P < 0,001		Wartość F 130,054 Wartość P < 0,001		F wartość 391,318 Wartość P < 0,001		F wartość 257,996 Wartość P < 0,001	

Tabela 2. Wpływ rutylu i antybiotyków na wolne RNA i DNA

Grupa	**DNA % zmiana** (Zwiększyć za pomocą Rutylu)		**DNA % zmiana** (Zmniejszyć za pomocą Doxy+Cipro)		**RNA % zmiana** (Zwiększyć za pomocą Rutylu)		**RNA % zmiana** (Zmniejszyć za pomocą Doxy+Cipro)	
	Mean	**± SD**	**Mean**	**± SD**	**Mean**	**± SD**	**Mean**	**± SD**
Normalny	4.37	0.15	18.39	0.38	4.37	0.13	18.38	0.48
Migrena	23.28	1.70	61.41	3.36	23.59	1.83	65.69	3.94
BA	23.40	1.51	63.68	4.66	23.08	1.87	65.09	3.48
HBP	23.52	1.65	64.15	4.60	23.29	1.92	65.39	3.95
IBD/IBS	22.62	1.38	63.82	5.53	23.29	1.98	67.46	3.96
PUD	22.42	1.99	61.14	3.47	23.78	1.20	66.90	4.10
CFS	23.01	1.67	65.35	3.56	23.33	1.86	66.46	3.65
HE/NPH	22.56	2.46	62.70	4.53	23.32	1.74	65.67	4.16
CAD/CVA	23.30	1.42	65.07	4.95	23.11	1.52	66.68	3.97
Niepowodzenie endo	22.12	2.44	63.69	5.14	23.33	1.35	66.83	3.27
Ataki paniki	22.29	2.05	58.70	7.34	22.29	2.05	67.03	5.97
	F wartość 337,577 Wartość P < 0,001		F wartość 356,621 Wartość P < 0,001		Wartość F 427,828 Wartość P < 0,001		F wartość 654,453 Wartość P < 0,001	

Tabela 3. Wpływ rutylu i antybiotyków na digoksynę i kwas delta aminolewulinowy

Grupa	**Digoksyna** (ng/ml) (Zwiększyć za pomocą Rutylu)		**Digoksyna** (ng/ml) (Zmniejszyć za pomocą Doxy+Cipro)		**ALA %** (Zwiększyć za pomocą Rutylu)		**ALA %** (Zmniejszyć za pomocą Doxy+Cipro)	
	Mean	**+ SD**	**Mean**	**+ SD**	**Mean**	**+ SD**	**Mean**	**+ SD**
Normalny	0.11	0.00	0.054	0.003	4.40	0.10	18.48	0.39
Migrena	0.55	0.06	0.219	0.043	22.52	1.90	66.39	4.20
BA	0.51	0.05	0.199	0.027	22.83	1.90	67.23	3.45
HBP	0.55	0.03	0.192	0.040	23.67	1.68	66.50	3.58
IBD/IBS	0.52	0.03	0.214	0.032	22.38	1.79	67.10	3.82
PUD	0.54	0.04	0.210	0.042	23.34	1.75	66.80	3.43
CFS	0.47	0.04	0.202	0.025	22.87	1.84	66.31	3.68
HE/NPH	0.56	0.05	0.220	0.052	23.45	1.79	66.32	3.63
CAD/CVA	0.53	0.06	0.212	0.045	23.17	1.88	68.53	2.65
Niepowodzenie endo	0.53	0.08	0.205	0.041	23.20	1.57	66.65	4.26
Ataki paniki	0.51	0.05	0.213	0.033	22.29	2.05	61.91	7.56
	F wartość 135,116 Wartość P < 0,001		F wartość 71,706 Wartość P < 0,001		F wartość 372,716 Wartość P < 0,001		F wartość 556,411 Wartość P < 0,001	

Tabela 4. Wpływ rutylu i antybiotyków na sukcynat i glicynę

Grupa	**Succinate %** (Zwiększyć za pomocą Rutylu)		**Succinate %** (Zmniejszyć za pomocą Doxy+Cipro)		**Glicyna Zmiana %** (Zwiększyć za pomocą Rutylu)		**Glicyna Zmiana %** (Zmniejszyć za pomocą Doxy+Cipro)	
	Mean	**+ SD**	**Mean**	**+ SD**	**Mean**	**+ SD**	**Mean**	**+ SD**
Normalny	4.41	0.15	18.63	0.12	4.34	0.15	18.24	0.37
Migrena	22.76	2.20	67.63	3.52	22.79	2.20	64.26	6.02
BA	22.28	1.52	64.05	2.79	22.82	1.56	64.61	4.95
HBP	23.81	1.90	66.95	3.67	23.12	1.71	65.12	5.58
IBD/IBS	24.10	1.61	65.78	4.43	22.73	2.46	65.87	4.35
PUD	23.43	1.57	66.30	3.57	22.98	1.50	65.13	4.87
CFS	23.70	1.75	68.06	3.52	23.81	1.49	64.89	6.01
HE/NPH	23.66	1.67	65.97	3.36	23.09	1.81	65.86	4.27
CAD/CVA	22.92	2.14	67.54	3.65	21.93	2.29	63.70	5.63
Niepowodzenie endo	21.88	1.19	66.28	3.60	23.02	1.65	67.61	2.77
Ataki paniki	22.29	1.33	65.38	3.62	22.13	2.14	66.26	3.93
	F wartość 403,394 Wartość P < 0,001		Wartość F 680,284 Wartość P < 0,001		F wartość 348,867 Wartość P < 0,001		Wartość F 364,999 Wartość P < 0,001	

Tabela 5. Wpływ rutylu i antybiotyków na pirogronian i glutaminian

Grupa	Pirwat % zmiana (Zwiększyć za pomocą Rutylu)		Pirwat % zmiana (Zmniejszyć za pomocą Doxy+Cipro)		Glutaminian (Zwiększyć za pomocą Rutylu)		Glutaminian (Zmniejszyć za pomocą Doxy+Cipro)	
	Mean	+ SD	Mean	+ SD	Mean	+ SD	Mean	+ SD
Normalny	4.34	0.21	18.43	0.82	4.21	0.16	18.56	0.76
Migrena	20.99	1.46	61.23	9.73	23.01	2.61	65.87	5.27
BA	20.94	1.54	62.76	8.52	23.33	1.79	62.50	5.56
HBP	22.63	0.88	56.40	8.59	22.96	2.12	65.11	5.91
IBD/IBS	21.59	1.23	60.28	9.22	22.81	1.91	63.47	5.81
PUD	21.19	1.61	58.57	7.47	22.53	2.41	64.29	5.44
CFS	20.67	1.38	58.75	8.12	23.23	1.88	65.11	5.14
HE/NPH	21.21	2.36	58.73	8.10	21.11	2.25	64.20	5.38
CAD/CVA	21.07	1.79	63.90	7.13	22.47	2.17	65.97	4.62
Niepowodzenie endo	21.91	1.71	58.45	6.66	22.88	1.87	65.45	5.08
Ataki paniki	22.29	2.05	62.37	5.05	21.66	1.94	67.03	5.97
	Wartość F 321,255 Wartość P < 0,001		F wartość 115,242 Wartość P < 0,001		F wartość 292,065 Wartość P < 0,001		F wartość 317,966 Wartość P < 0,001	

Tabela 6. Wpływ rutylu i antybiotyków na nadtlenek wodoru i amoniak

Grupa	H2O2 % (Zwiększyć za pomocą Rutylu)		H2O2 % (Zmniejszyć za pomocą Doxy+Cipro)		Amoniak % (Zwiększyć za pomocą Rutylu)		Amoniak % (Zmniejszyć za pomocą Doxy+Cipro)	
	Mean	+ SD	Mean	+ SD	Mean	+ SD	Mean	+ SD
Normalny	4.43	0.19	18.13	0.63	4.40	0.10	18.48	0.39
Migrena	22.50	1.66	60.21	7.42	22.52	1.90	66.39	4.20
BA	23.81	1.19	61.08	7.38	22.83	1.90	67.23	3.45
HBP	22.65	2.48	60.19	6.98	23.67	1.68	66.50	3.58
IBD/IBS	21.14	1.20	60.53	4.70	22.38	1.79	67.10	3.82
PUD	23.35	1.76	59.17	3.33	23.34	1.75	66.80	3.43
CFS	23.27	1.53	58.91	6.09	22.87	1.84	66.31	3.68
HE/NPH	23.32	1.71	63.15	7.62	23.45	1.79	66.32	3.63
CAD/CVA	22.86	1.91	63.66	6.88	23.17	1.88	68.53	2.65
Niepowodzenie endo	23.52	1.49	63.24	7.36	23.20	1.57	66.65	4.26
Ataki paniki	23.29	1.67	60.52	5.38	22.29	2.05	61.91	7.56
	F wartość 380,721 Wartość P < 0,001		F wartość 171,228 Wartość P < 0,001		F wartość 372,716 Wartość P < 0,001		F wartość 556,411 Wartość P < 0,001	

Skróty

BA: Astma oskrzelowa

HBP: Hypertension

IBD: Choroba zapalna jelit

IBS: Zespół jelita drażliwego

PUD: Choroba wrzodowa żołądka

CFS: Zespół przewlekłego zmęczenia
HE: Encefalopatia Hashimoto
NPH: Wodogłowie pod normalnym ciśnieniem
CAD: Mikroangiopatyczna choroba wieńcowa
CVA: Mikroangiopatyczna choroba naczyniowo-mózgowa

Sekcja 2: Badanie pacjentów

Tabela 1

Grupa	RBC Digoksyna (ng/ml RBC Susp)		Cytochrom F 420		HERV RNA (ug/ml)		H2O2 (umol/ml RBC)	
	Mean	± SD	Mean	± SD	Mean	± SD	Mean	± SD
NO/BHCD	0.58	0.07	1.00	0.00	17.75	0.72	177.43	6.71
RHCD	1.41	0.23	4.00	0.00	55.17	5.85	278.29	7.74
LHCD	0.18	0.05	0.00	0.00	8.70	0.90	111.63	5.40
Migrena	1.38	0.26	4.00	0.00	51.17	3.65	274.88	8.73
Astma oskrzelowa	1.23	0.26	4.00	0.00	50.04	3.91	278.90	11.20
Hipertensja/CAN	1.34	0.31	4.00	0.00	51.16	7.78	295.37	3.78
IBS	1.10	0.08	4.00	0.00	51.56	3.69	277.47	10.90
IBD	1.21	0.21	4.00	0.00	47.90	6.99	280.89	11.25
PUD	1.50	0.33	4.00	0.00	48.20	5.53	278.59	11.51
NPH z HE	1.26	0.23	4.00	0.00	51.08	5.24	283.39	10.67
Zespół paniki	1.27	0.24	4.00	0.00	51.57	2.66	278.19	12.80
CFS	1.35	0.26	4.00	0.00	51.98	5.05	280.89	10.58
CAD	1.22	0.16	4.00	0.00	50.00	5.91	280.89	13.79
CVA	1.33	0.27	4.00	0.00	51.06	4.83	287.33	9.47
Niepowodzenie poliendokrynologiczne	1.31	0.24	4.00	0.00	50.15	6.96	278.58	12.72
Dysautonomia seksualna	1.48	0.27	4.00	0.00	49.85	6.40	286.16	10.90
Wartość F	60.288		0.001		194.418		713.569	
Wartość P	< 0.001		< 0.001		< 0.001		< 0.001	

Tabela 2

Grupa	NOX (OD diff/hr/mgpro)		TNF ALP (pg/ml)		ALA (umol24)		PBG (umol24)	
	Mean	± SD	Mean	± SD	Mean	± SD	Mean	± SD
NO/BHCD	0.012	0.001	17.94	0.59	15.44	0.50	20.82	1.19
RHCD	0.036	0.008	78.63	5.08	63.50	6.95	42.20	8.50
LHCD	0.007	0.001	9.29	0.81	3.86	0.26	12.11	1.34
Migrena	0.036	0.009	78.23	7.13	66.16	6.51	42.50	3.23
Astma oskrzelowa	0.038	0.007	79.28	4.55	68.28	6.02	46.54	4.55
Hipertensja/CAN	0.035	0.011	82.13	3.97	67.30	5.98	47.25	4.19
IBS	0.036	0.007	79.65	5.57	67.32	5.40	49.83	3.45
IBD	0.034	0.009	80.18	5.67	64.00	7.33	46.85	3.49
PUD	0.038	0.008	81.03	6.22	65.01	5.42	48.55	3.81
NPH z HE	0.041	0.006	77.98	5.68	63.21	6.55	47.17	4.86

Zespół paniki	0.038	0.007	79.18	5.88	67.67	5.69	46.84	4.43
CFS	0.041	0.005	78.36	6.68	64.72	6.81	48.15	3.36
CAD	0.038	0.009	78.15	3.72	66.66	7.77	47.00	3.81
CVA	0.037	0.007	77.59	5.24	69.02	4.86	46.33	4.01
Niepowodzenie poliendokrynologiczne	0.039	0.010	79.17	5.88	67.78	4.41	48.03	3.64
Dysautonomia seksualna	0.039	0.006	80.41	5.70	66.99	3.71	47.94	5.33
Wartość F	44.896		427.654		295.467		183.296	
Wartość P	< 0.001		< 0.001		< 0.001		< 0.001	

Tabela 3

Grupa	Uroporfiryna (nmol24)		Koproporfiryna (nmol/24)		Protoporfiryna (jednostka Ab)		Heme (uM)	
	Mean	± SD	Mean	± SD	Mean	± SD	Mean	± SD
NO/BHCD	50.18	3.54	137.94	4.75	10.35	0.38	30.27	0.81
RHCD	250.28	23.43	389.01	54.11	42.46	6.36	12.47	2.82
LHCD	9.51	1.19	64.33	13.09	2.64	0.42	50.55	1.07
Migrena	267.81	64.05	401.49	50.73	44.30	2.66	12.82	2.40
Astma oskrzelowa	290.44	57.65	436.71	52.95	49.59	1.70	13.03	0.70
Hipertensja/CAN	286.84	24.18	432.22	50.11	49.36	4.18	11.81	0.80
IBS	259.61	33.18	433.17	45.61	49.68	3.30	12.09	1.12
IBD	277.36	15.48	440.35	25.34	50.81	3.21	11.87	1.84
PUD	294.51	58.62	447.39	39.84	52.94	3.67	12.95	1.53
NPH z HE	310.25	40.44	495.98	39.11	54.80	4.04	11.76	1.37
Zespół paniki	304.19	14.16	479.35	58.86	53.73	5.34	13.68	1.67
CFS	285.46	29.46	422.27	33.86	49.80	4.01	12.83	2.07
CAD	314.01	17.82	426.14	24.28	49.51	2.27	11.39	1.10
CVA	320.85	24.73	402.16	33.80	46.74	4.28	11.26	0.95
Niepowodzenie poliendokrynologiczne	306.61	22.47	429.72	24.97	49.32	5.13	11.60	1.23
Dysautonomia seksualna	317.92	29.63	429.24	18.29	50.02	4.58	11.76	1.32
Wartość F	160.533		279.759		424.198		1472.05	
Wartość P	< 0.001		< 0.001		< 0.001		< 0.001	

Tabela 4

Grupa	Bilirubin (mg/dl)		Biliverdin (jednostka Ab)		ATP Synthase (umol/gHb)		SE ATP (umol/dl)	
	Mean	± SD	Mean	± SD	Mean	± SD	Mean	± SD
NO/BHCD	0.55	0.02	0.030	0.001	0.36	0.13	0.42	0.11
RHCD	1.70	0.20	0.067	0.011	2.73	0.94	2.24	0.44
LHCD	0.21	0.00	0.017	0.001	0.09	0.01	0.02	0.01
Migrena	1.74	0.08	0.073	0.013	2.66	0.58	1.26	0.19
Astma oskrzelowa	1.84	0.07	0.070	0.015	3.09	0.65	1.66	0.56
Hipertensja/CAN	1.83	0.09	0.071	0.014	3.34	0.84	1.27	0.26
IBS	1.77	0.13	0.073	0.016	3.34	0.75	2.06	0.19
IBD	1.81	0.10	0.079	0.007	3.05	0.52	1.63	0.26
PUD	1.82	0.08	0.061	0.006	2.85	0.34	1.59	0.22
NPH z HE	1.84	0.08	0.077	0.011	3.01	0.55	1.73	0.26
Zespół paniki	1.76	0.11	0.073	0.012	2.70	0.62	1.48	0.32
CFS	1.77	0.19	0.067	0.014	3.19	0.89	1.97	0.11
CAD	1.75	0.12	0.080	0.007	2.99	0.65	1.57	0.37
CVA	1.82	0.10	0.079	0.009	2.98	0.78	1.49	0.27
Niepowodzenie poliendokrynologiczne	1.79	0.08	0.072	0.013	3.29	0.63	1.59	0.38
Dysautonomia seksualna	1.82	0.09	0.066	0.009	3.21	0.95	1.69	0.43

Wartość F	370.517	59.963	54.754	67.588
Wartość P	< 0.001	< 0.001	< 0.001	< 0.001

Tabela 5

Grupa	Cyto C (ng/ml)		Laktat (mg/dl)		Pirwat (umol/l)		Heksokinaza RBC (ug glu phos/ hr/mgpro)	
	Mean	+ SD	Mean	+ SD	Mean	+ SD	Mean	+ SD
NO/BHCD	2.79	0.28	7.38	0.31	40.51	1.42	1.66	0.45
RHCD	12.39	1.23	25.99	8.10	100.51	12.32	5.46	2.83
LHCD	1.21	0.38	2.75	0.41	23.79	2.51	0.68	0.23
Migrena	11.58	0.90	22.07	1.06	96.54	9.96	7.69	3.40
Astma oskrzelowa	12.06	1.09	21.78	0.58	90.46	8.30	6.29	1.73
Hipertensja/CAN	12.65	1.06	24.28	1.69	95.44	12.04	9.30	3.98
IBS	11.94	0.86	22.04	0.64	97.26	8.26	8.46	3.63
IBD	11.81	0.67	23.32	1.10	102.48	13.20	8.56	4.75
PUD	11.73	0.56	23.06	1.49	100.51	9.79	8.02	3.01
NPH z HE	11.91	0.49	22.83	1.24	95.81	12.18	7.41	4.22
Zespół paniki	13.00	0.42	22.20	0.85	96.58	8.75	7.82	3.51
CFS	12.95	0.56	25.56	7.93	96.30	10.33	7.05	1.86
CAD	11.51	0.47	22.83	0.82	97.29	12.45	8.88	3.09
CVA	12.74	0.80	23.03	1.26	103.25	9.49	7.87	2.72
Niepowodzenie poliendokrynologiczne	12.29	0.89	24.87	4.14	95.55	7.20	9.84	2.43
Dysautonomia seksualna	12.19	1.22	23.02	1.61	96.50	5.93	8.81	4.26
Wartość F	445.772		162.945		154.701		18.187	
Wartość P	< 0.001		< 0.001		< 0.001		< 0.001	

Tabela 6

Grupa	ACOA (mg/dl)		ACH (ug/ml)		Glutaminian (mg/dl)	
	Mean	+ SD	Mean	+ SD	Mean	+ SD
NO/BHCD	8.75	0.38	75.11	2.96	0.65	0.03
RHCD	2.51	0.36	38.57	7.03	3.19	0.32
LHCD	16.49	0.89	91.98	2.89	0.16	0.02
Migrena	2.51	0.57	48.52	6.28	3.41	0.41
Astma oskrzelowa	2.15	0.22	33.27	5.99	3.67	0.38
Hipertensja/CAN	1.95	0.06	35.02	5.85	3.14	0.32
IBS	2.19	0.15	42.84	8.26	3.53	0.39
IBD	2.03	0.09	39.99	12.61	3.58	0.36
PUD	2.54	0.38	49.30	7.26	3.37	0.38
NPH z HE	2.30	0.26	50.58	3.82	3.48	0.46
Zespół paniki	2.34	0.43	42.51	11.58	3.28	0.39
CFS	2.17	0.40	41.31	10.69	3.53	0.44
CAD	2.37	0.44	49.19	6.86	3.61	0.28
CVA	2.25	0.44	37.45	7.93	3.31	0.43
Niepowodzenie poliendokrynologiczne	2.11	0.19	38.40	7.74	3.45	0.49
Dysautonomia seksualna	2.10	0.27	34.97	4.24	3.94	0.22

Wartość F	1871.04	116.901	200.702
Wartość P	< 0.001	< 0.001	< 0.001

Tabela 7

Grupa	Se. Amoniak (ug/dl)		HMG Co A (HMG CoA/MEV)		Kwas żółty (mg/ml)	
	Mean	+ SD	Mean	+ SD	Mean	+ SD
NO/BHCD	50.60	1.42	1.70	0.07	79.99	3.36
RHCD	93.43	4.85	1.16	0.10	25.68	7.04
LHCD	23.92	3.38	2.21	0.39	140.40	10.32
Migrena	94.72	3.28	1.11	0.08	22.45	5.57
Astma oskrzelowa	95.61	7.88	1.14	0.07	22.98	5.19
Hipertensja/CAN	94.60	8.52	1.08	0.13	28.93	4.93
IBS	95.37	4.66	1.10	0.07	26.26	7.34
IBD	93.42	3.69	1.13	0.08	24.12	6.43
PUD	101.18	17.06	1.14	0.07	19.62	1.97
NPH z HE	91.62	3.24	1.12	0.10	23.45	5.01
Zespół paniki	93.20	4.46	1.10	0.09	23.43	6.03
CFS	93.38	7.76	1.09	0.12	22.77	4.94
CAD	93.93	4.86	1.07	0.12	24.55	6.26
CVA	103.18	27.27	1.05	0.09	22.39	3.35
Niepowodzenie poliendokrynologiczne	92.47	3.97	1.08	0.11	23.28	5.81
Dysautonomia seksualna	93.13	5.79	1.09	0.12	21.26	4.81
Wartość F	61.645		159.963		635.306	
Wartość P	< 0.001		< 0.001		< 0.001	

Skróty

NO/BHCD: Dominacja chemiczna normalna/bi-hemisferyczna
RHCD: Chemiczna dominacja prawej półkuli
LHCD: Dominacja chemiczna lewej półkuli
Wieńcowa neuropatia autonomiczna
IBS: Zespół jelita drażliwego
IBD: Choroba zapalna jelit
PUD: Choroba wrzodowa żołądka
NPH z HE: wodogłowie normalne ciśnieniowe z encefalopatią Hashimoto
CFS: Zespół przewlekłego zmęczenia
CAD: Mikroangiopatyczna choroba wieńcowa
CVA: Mikroangiopatyczna choroba naczyniowo-mózgowa

Dyskusja

Nastąpił wzrost cytochromu F420 wskazujący na wzrost archeologiczny. Archaiowie mogą syntezować i wykorzystywać cholesterol jako źródło węgla i energii. [2,10] Archeologiczne pochodzenie aktywności enzymu zostało wskazane przez antybiotykową supresję. Badanie wskazuje na obecność w układzie archaiki opartej na aktynowcach z alternatywnymi enzymami opartymi na aktynowcach lub metalloenzymach, na co wskazuje wzrost aktywności enzymów wywołany rutylem. [11] Archaiczna aktywność dehydrogenazy beta-hydroksylosteroidowej wskazuje na syntezę digoksyny. [12] Archeologiczna aktywność oksydazy cholesterolowej została zwiększona, co doprowadziło do wytworzenia pirogronianu i nadtlenku wodoru. [10] Pirogronian ulega konwersji do glutaminianu i amoniaku w drodze bocznicowej GABA. Pirogronian jest przekształcany do glutaminianu przez transaminazę pirogronianu glutaminianu w surowicy. W wyniku działania dehydrogenazy glutaminianowej powstaje alfa ketoglutaran i amoniak. Alanina jest najczęściej produkowana w wyniku redukcyjnej aminacji pirogronianu przez transaminazę alaninową. Ta odwracalna reakcja polega na wzajemnej konwersji alaniny i pirogronianu, połączonej z wzajemną konwersją alfa-ketoglutaranu (2-oksoglutanianu) i glutaminianu. Alanina może przyczynić się do powstania glicyny. Glutaminian jest aktywowany przez dekarboksylazę kwasu glutaminowego w celu wytworzenia GABA. GABA jest przekształcany w sukcynowy półialdehyd przez transaminazę GABA. Półialdehyd sukcynowy jest przekształcany do kwasu bursztynowego przez dehydrogenazę półialdehydu bursztynowego. Glicyna łączy się z kwasem sukcynowym w celu wytworzenia kwasu delta aminolewulinowego katalizowanego przez enzym syntazy ALA. W badanej populacji stwierdzono wzrost syntezy porfiryn o charakterze archeologicznym, na co wskazuje aktynowata katalityka reakcji. Szlak oksydazy cholesterolowej generował pirogronian, który wchodził w drogę bocznicową GABA. Efektem tego była synteza sukcynatu i glicyny, które są substratami dla syntazy ALA. Archaiki mogą być poddawane mineralizacji magnetytu i węglanu wapnia oraz mogą występować jako zwapnione nanoformy. [13]

Porfiryny mogą przyczyniać się do patogenezy migreny, astmy oskrzelowej, nadciśnienia tętniczego, zespołu jelita drażliwego, nieswoistych zapaleń jelit, dysautonomii seksualnej, choroby wrzodowej, niewydolności poliendokrynnej, encefalopatii Hashimoto, mikroangiopatycznej choroby mózgu / wieńcowej, prawidłowe ciśnienie wodogłowia, zespół paniki i zespół chronicznego zmęczenia. Porfiryny mogą ulegać fotoutlenianiu i autoutlenianiu generując wolne rodniki. Archeologiczne porfiryny mogą wytwarzać wolne rodniki. Porfiryna fotoutlenianie generować bezpłatny rodnik che móc modulować enzym funkcja. Redox stres modulować enzymów zawierać pirogronian dehydrogenaza, azotowy tlenek syntaza, cystathione beta syntaza i heme oxygenaza. Wolne rodniki mogą modulować funkcję mitochondrialnego PT porów. Wolne rodniki mogą modulować funkcję błony komórkowej i hamować aktywność ATPazy potasowo-sodowej. Wolne rodniki wytwarzają aktywację

NFKB, otwierają mitochondrialne pory PT powodując śmierć komórki, wytwarzają aktywację onkogenną, aktywują receptor NMDA i enzym GAD regulujący neurotransmisję oraz generują fenotypy Warburga aktywujące glikolizę i hamujące cykl TCA/oxphos. Stres redoksowy wywołany autoutlenianiem porfiryny ma kluczowe znaczenie w patogenezie tych zaburzeń funkcjonalnych. Porfiryny mogą kompleksować się i interkalować z błoną komórkową wytwarzając inhibicję ATPazy potasowo-sodowej, dodając do inhibicji za pośrednictwem digoksyny. Porfiryna indukowana hamowaniem ATPazy potasowo-sodowej może zwiększać wewnątrzkomórkowy ładunek wapnia, jak również powodować wewnątrzkomórkowe zubożenie magnezu, które jest kluczowe dla patogenezy tych zaburzeń funkcjonalnych. Zwiększony ładunek wapnia i zubożenie magnezu w komórce produkują skurcz naczyń krwionośnych, skurcz oskrzeli, zaburzenia motoryki jelit, aktywacji immunologicznej i dysfunkcji mitochondriów. Porfiryny mogą składać się z białek i kwasu nukleinowego produkującego emisję biofoton. Porfiryny kompleksujące się z białkami mogą modulować strukturę i funkcję białka. Porfiryny kompleksujące się z DNA i RNA mogą modulować transkrypcję i translację. Porfiryny modulujące funkcje białek, DNA i RNA mogą przyczyniać się do patogenezy tych zaburzeń funkcjonalnych. Porfiryna, a w szczególności protoporfiryny, może wiązać się z obwodowymi receptorami benzodiazepiny w mitochondriach i modulować jej funkcję, transport cholesterolu mitochondrialnego oraz steroidogenezę. Wadliwa steroidogeneza mitochondriów może przyczyniać się do niewydolności endokrynologicznej. Obwodowa modulacja receptora benzodiazepiny przez protoporfiryny może regulować śmierć komórek, proliferację komórek, odporność i funkcje nerwowe. Modulacja obwodowych receptorów benzodiazepinowych przez protoporfiryny jest ważna w patogenezie tych zaburzeń funkcjonalnych. [3-5] Nastąpił wzrost wolnych RNA wskazujących na samoreplikujące się wiroidy RNA i wolne DNA wskazujące na generację wiroidowych nici DNA komplementarnych przez aktywność odwrotnej transkryptazy archeologicznej. Aktynowce i porfiryny modulują fałdowanie RNA i katalizują jego rybozymalne działanie. Digoksyna może przecinać i wklejać nitki wiroidalne poprzez modulację splotu RNA generującego różnorodność wiroidalną RNA. Wiroidy są ewolucyjnie wydostającymi się z archaicznej grupy I intronami, które mają właściwości retrotranspozycyjne i samosplinujące. Pirogronian arktyczny produkujący inhibicję deacetylazy histonowej i porfiryny interkalujące z DNA mogą produkować endogenną retrowirusową (HERV) odwrotną transkryptazę i ekspresję integracyjną. Może to integrować wiroidalne uzupełniające DNA RNA do niekodującego regionu eukariotycznego niekodującego DNA przy użyciu HERV integrase, jak opisano dla wirusów borna i ebola. Archaea i wiroidy mogą również indukować syntezę porfiryn komórkowych. Infekcje bakteryjne i wirusowe mogą wytrącać porfirynę. W ten sposób porfiryny mogą regulować funkcje genomowe. Wiroidy i HERV RNA mogą modulować funkcję mRNA poprzez zakłócenie RNA. Wiroidy i HERV RNA może przyczynić się do patogenezy migreny, astmy oskrzelowej, nadciśnienia tętniczego, zespół jelita drażliwego, nieswoiste zapalenie jelit, dysautonomia płciowa, choroba wrzodowa, niewydolność poliendokrynna, encefalopatia Hashimoto, mikroangiopatyczna choroba mózgu / wieńcowa, prawidłowe ciśnienie wodogłowie, zespół paniki i zespół przewlekłego zmęczenia. Dlatego też porfiryny są kluczowymi cząsteczkami regulującymi wszystkie aspekty funkcjonowania komórek. [14,15]

Możliwość fenotypu Warburga wywołanego przez aktynowce oparte na organizmie prymitywnym jak archaiki z mewalonianem i katabolizmem cholesterolu przyczyniającym się do patogenezy migreny, astmy oskrzelowej, nadciśnienia tętniczego z autonomiczną neuropatią serca, zespół jelita drażliwego, nieswoiste zapalenia jelit, dysautonomia płciowa, choroba wrzodowa, niewydolność wielonarządowa, encefalopatia Hashimoto, mikroangiopatyczna choroba mózgu/wieńcowa, prawidłowe ciśnienie w wodogłowiu, zespół paniczny i zespół przewlekłego zmęczenia są ważne. Fenotyp Warburga powoduje zahamowanie dehydrogenazy pirogronianowej i cyklu TCA. Pirogronian wchodzi w drogę bocznikową GABA, gdzie jest przekształcany w sukcynyl CoA. Ścieżka glikolityczna jest regulowana, a fosfogliceran glikolitycznego metabolitu jest przekształcany w seryne i glicynę. Glicyna i sukcynyl CoA są substratami do syntezy ALA. Archaea indukuje enzym heme-tlenazę. Hemoetonaza przekształca heme w bilirubinę i biliverdynę. Powoduje to usunięcie hemu z układu i podwyższenie aktywności syntazy ALA, co prowadzi do porfirii. Heme hamuje HIF alfa. Zubożenie hemu powoduje zwiększenie aktywności HIF alfa i dalsze wzmocnienie fenotypu Warburga. Samoutlenianie się porfiryn powoduje stres redoksowy, który aktywuje HIF alfa i generuje fenotyp Warburga. Efektem fenotypu Warburga jest skierowanie acetylo CoA do syntezy cholesterolu, ponieważ cykl TCA i mitochondrialna fosforylacja oksydacyjna są zablokowane. Archaea używa cholesterolu jako substratu energetycznego. Porfiryna i ALA hamują ATPazę potasowo-sodową. Zwiększa to syntezę cholesterolu poprzez działanie na wewnątrzkomórkowy SREBP. Cholesterol jest metabolizowany do pirogronianu, a następnie do szlaku bocznikowego GABA w celu ostatecznego wykorzystania w syntezie porfiryn. Porfiryny mogą się organizować i samoczynnie replikować w tablicach makrocząsteczkowych. Tablice porfirynowe zachowują się jak autonomiczne organizmy i mogą mieć wewnątrzcząsteczkowy transport elektronów generujący ATP. Makroarraje porfirynowe mogą przechowywać informacje i mogą mieć postrzeganie kwantowe. Makromacierze porfirynowe służą do celów archeologicznej energetyki i percepcji sensorycznej. Fenotyp Warburga jest związany z migreną, astmą oskrzelową, nadciśnieniem tętniczym, zespołem jelita drażliwego, nieswoistymi zapaleniami jelit, dysautonomią płciową, chorobą wrzodową, niewydolnością poliendokrynną, encefalopatią Hashimoto, mikroangiopatyczną chorobą mózgu/wieńcową, prawidłowym ciśnieniem wodogłowia, zespołem paniki i zespołem chronicznego zmęczenia. Zwiększone wytwarzanie 1,6 difosforanu fruktozy i jego kierowanie do szlaku fosforanu pentozowego generuje NADPH aktywujący NOX. Aktywacja NOX generuje wywołany H2O2 stres redoks przyczyniający się do indukcji NFKB i aktywacji immunologicznej. Limfocyty są uzależnione wyłącznie od glikolizy w celu zaspokojenia swoich potrzeb energetycznych. Podwyższenie poziomu glikolizy powoduje aktywację immunologiczną. Aktywacja immunologiczna i uszkodzenie cytokin może przyczynić się do patogenezy tych zaburzeń funkcjonalnych. Do patogenezy tych zaburzeń czynnościowych może przyczynić się stres wywołany przez NOX, za pośrednictwem H2O2. Fenotyp Warburga związane z dysfunkcją mitochondriów jest kluczowe dla patogenezy migreny, astma oskrzelowa, nadciśnienie tętnicze, zespół jelita drażliwego, nieswoiste zapalenie jelit, dysautonomia seksualna, choroba wrzodowa, niewydolność poliendokrynna, encefalopatia Hashimoto, mikroangiopatyczna choroba mózgu / wieńcowa, prawidłowe ciśnienie wodogłowie, zespół paniki i zespół przewlekłego zmęczenia.

Omówiono rolę archeologicznych porfiryn w regulacji funkcji komórek i integracji neuro-immuno-endokrynnej. Protoporfiryna wiąże się z obwodowym receptorem benzodiazepinowym regulującym syntezę sterydów i digoksyn. Zwiększone stężenie metabolitów porfiryn może przyczyniać się do powstawania hiperdigoksyniny. Digoksyna może modulować układ neuro-immuno-endokrynny. Digoksyna może wytwarzać błonowe inhibitory ATPazy potasowo-sodowej zwiększające poziom wapnia wewnątrzkomórkowego i redukujące wewnątrzkomórkowy magnez. Porfiryny mogą łączyć się z błonami modulującymi pracę błon i produkującymi inhibicję ATPazy sodowo-potasowej. Digoksyna indukowane wewnątrzkomórkowego obciążenia wapnia może aktywować NFKB produkujących uraz cytokin, jak również produkować dysfunkcji mitochondriów. Digoksyna indukowana zwiększonym wewnątrzkomórkowym wapnia może produkować skurcz naczyń krwionośnych i oskrzeli. Dysfunkcja mitochondriów wywołana digoksyną może produkować stres redoks. Hiperdigoksymina jest związane z patogenezą migreny, astmy oskrzelowej, nadciśnienia tętniczego, zespół jelita drażliwego, nieswoiste zapalenie jelit, dysautonomia seksualna, choroba wrzodowa, niewydolność poliendokrynna, encefalopatia Hashimoto, mikroangiopatyczna choroba mózgu / wieńcowa, prawidłowe ciśnienie wodogłowie, zespół paniki i zespół przewlekłego zmęczenia. Te grupy zaburzeń czynnościowych można sklasyfikować jako wewnątrzkomórkowe przeciążenie wapniem i stany zubożania magnezu.

Porfiryny mogą łączyć się z białkami utleniającymi swoją tyrozynę, tryptofan, cysteinę i pozostałości histydynowe, tworząc sieciowanie i zmieniając strukturę i funkcję białka. Może to prowadzić do dysfunkcji przetwarzania białka, a wadliwie przetworzone białka gromadzą się w komórce. Porfiryna indukowane zaburzenia przetwarzania białka i wadliwie przetworzonych białek może przyczynić się do migreny, astmy oskrzelowej, nadciśnienia tętniczego, zespół jelita drażliwego, nieswoiste zapalenie jelit, dysautonomia seksualna, choroba wrzodowa, niewydolność poliendokrynna, encefalopatia Hashimoto, mikroangiopatyczna choroba mózgu / wieńcowa, prawidłowe ciśnienie wodogłowie, zespół paniki i zespół przewlekłego zmęczenia. Porfiryny mogą wiązać się z modulowaniem ich funkcji przez DNA i RNA. Porfiryna interpolująca z DNA może zmieniać transkrypcję i generować ekspresję HERV. HERV RNA może wytwarzać zakłócenia mRNA wpływające na jego funkcję. Ekspresja HERV może również przyczyniać się do patogenezy tych zaburzeń funkcjonalnych.

Niedobór Heme może również prowadzić do stanów chorobowych. Niedobór Heme powoduje niedobór enzymów hemowych. Istnieje niedobór oksydazy cytochromowej C i dysfunkcja mitochondriów. Dysfunkcja mitochondriów wywołana wyczerpaniem energii i stresem redoks jest kluczowa dla patogenezy tych zaburzeń funkcjonalnych. Osłabienie mięśni spowodowane dysfunkcją mitochondriów ma kluczowe znaczenie w zespole chronicznego zmęczenia. Peroksydaza glutationowa jest dysfunkcyjna i nie funkcjonuje system zmiatania wolnych rodników z glutationu. Stres związany z redoksem ma kluczowe znaczenie w patogenezie tych zaburzeń funkcjonalnych. Enzymy cytochromu P450 uczestniczące w syntezie sterydów i kwasów żółciowych zmniejszają aktywność prowadząc do stanów niedoboru sterydów - kortyzolu, aktywowanej witaminy D i hormonów płciowych oraz kwasu żółciowego. Niedobór Heme powoduje również upośledzenie funkcji peroksydazy tarczycy oraz niedobór hormonu tarczycy. Niedobór kortyzolu, tarczycy i hormonów płciowych powoduje zespół niewydolności hormonalnej. Niedobór kwasów żółciowych i aktywowanej witaminy D są ważne w rozwoju tych zaburzeń. Aktywowana witamina D i kwas żółciowy jak kwas lithocholowy wiążą się z VDR modulując system odpornościowy. Niedobór aktywowanej witaminy D oraz niedobór kwasu żółciowego może prowadzić do aktywacji immunologicznej i uszkodzenia cytokin ważnych w patogenezie tych zaburzeń funkcjonalnych. Niedobór hemu powoduje dysfunkcję syntazy tlenku azotu, hemu tlenazy i syntazy cystathionu beta, co skutkuje brakiem gazotransmiterów regulujących pracę układu naczyniowego i receptora NMDA - NO, CO i H2S. Heme ma działanie cytoprotekcyjne, neuroprotekcyjne, przeciwzapalne i antyproliferacyjne. Niedobór NO, CO i H2S, które są gazotransmiterami naczyniowymi, może przyczyniać się do nadciśnienia tętniczego, neuropatii autonomicznej serca i dysautonomii seksualnej. Dysautonomia seksualna w połączeniu z niewydolnością gonad może przyczyniać się do niepłodności i bezpłodności. Heme jest również zaangażowany w reakcję na stres. Niedostateczna reakcja na stres wywołana przez heme może prowadzić do ataków paniki. Niedobór Heme prowadzi do migreny, astmy oskrzelowej, nadciśnienia tętniczego, zespół jelita drażliwego, nieswoiste zapalenie jelit, dysautonomia płciowa, choroba wrzodowa, niewydolność poliendokrynna, encefalopatia Hashimoto, mikroangiopatyczna choroba mózgu / wieńcowa, prawidłowe ciśnienie wodogłowie, zespół paniki i zespół przewlekłego zmęczenia. [3-5]

Porfiryny mogą prowadzić do stanu uaktywnienia odpornościowego. Fotoutlenianie porfiryn może generować wolne rodniki, które mogą aktywować NFKB. To może produkować aktywację immunologiczną i cytokina pośredniczyła uraz. Protoporfiryny wiążące się z receptorami mitochondrialnymi benzodiazepiny mogą modulować funkcję immunologiczną. Porfiryny mogą łączyć się z białkami utleniającymi ich tyrozynę, tryptofan, cysteinę i pozostałości histydynowe, tworząc sieciowanie i zmieniając strukturę i funkcję białka. Porfiryny mogą łączyć się z DNA i RNA modulującymi ich strukturę. Porfiryny złożone z białek i kwasów nukleinowych są antygenowe i mogą prowadzić do chorób autoimmunologicznych. [3,4] Aktywacja immunologiczna i autoimmunologiczna ma kluczowe znaczenie dla migreny, astmy oskrzelowej, nadciśnienia tętniczego, zespołu jelita drażliwego, nieswoistych zapaleń jelit, dysautonomii seksualnej, choroby wrzodowej, niewydolności poliendokrynnej, encefalopatii Hashimoto, mikroangiopatycznej choroby mózgu/wieńcowej, prawidłowego ciśnienia wodogłowia, zespołu paniki i zespołu chronicznego zmęczenia. Porfiryny mogą prowadzić do stanu oporności na insulinę. Porfiryna fotoutlenianie pośredniczy wolne rodniki urazów może prowadzić do oporności na insulinę i aterogenezę. W ten sposób archeologiczne porfiryny mogą przyczynić się do powstania zespołu metabolicznego x. Glukoza ma negatywny wpływ na aktywność syntazy ALA. Dlatego też hiperglikemia może być reaktywnym mechanizmem ochronnym na zwiększoną syntezę porfiryn pierwotnych. Protoporfiryny wiążące się z receptorami mitochondrialnymi benzodiazepiny mogą modulować steroidogenezę i metabolizm mitochondriów. Zmiany w metabolizmie porfiryn zostały opisane w zespole metabolicznym x. Porfiryny mogą prowadzić do zakrzepicy naczyniowej. [3,4] Stany insulinooporności były związane z migreną, astmą oskrzelową, nadciśnieniem tętniczym, zespołem jelita drażliwego, nieswoistymi zapaleniami jelit, dysautonomią seksualną, chorobą wrzodową, niewydolnością poliendokrynną, encefalopatią Hashimoto, mikroangiopatyczną chorobą mózgu/wieńcową, prawidłowym ciśnieniem wodogłowia, zespołem paniki i zespołem przewlekłego zmęczenia. Fotoutlenianie porfiryny może generować wolne rodniki indukujące HIF alfa i produkujące aktywację onkogenną. Niedobór Heme może prowadzić do aktywacji HIF alfa i onkogenezy. To może prowadzić do onkogenezy. Wszystkie te zaburzenia funkcjonalne mogą prowadzić do złośliwych przemian, jak w przypadku IBD. Protoporfiryny wiążące się z receptorami mitochondrialnymi benzodiazepiny mogą regulować proliferację komórek. [3,4] Porfiryny mogą interkalować z DNA wytwarzając ekspresję HERV. Generowane cząstki HERV mogą przyczyniać się do stanu retroviralnego. Wszystkie te zaburzenia funkcjonalne są związane ze stanem retrowiralnym. Porfiryny znajdujące się we krwi mogą łączyć się z bakteriami i wirusami, a fotoutlenianie generowane przez wolne rodniki może je zabić. Archeologiczne porfiryny mogą modulować infekcje bakteryjne i wirusowe. Archealne porfiryny są regulacyjnymi molekułami utrzymującymi w ryzach inne prokaryoty i wirusy. [3,4] Infekcje bakteryjne i wirusowe były związane z migreną, astmą oskrzelową, nadciśnieniem tętniczym, zespołem jelita drażliwego, nieswoistymi zapaleniami jelit, dysautonomią płciową, chorobą wrzodową, niewydolnością poliendokrynną, encefalopatią Hashimoto, mikroangiopatyczną chorobą mózgu/wieńcową, prawidłowym ciśnieniem w wodogłowiu, zespołem paniki i zespołem chronicznego zmęczenia. Zakażenie *H. pylori* może prowadzić do choroby wrzodowej. [3,4]

Archaiki i wiroidy mogą regulować układ nerwowy, w tym NMDA/GABA szlak wzgórzowo-korowo-wzgórzowy pośredniczący w świadomej percepcji. Fotoutlenianie Porfiryny może generować wolne rodniki, które mogą modulować transmisję NMDA. Wolne rodniki mogą zwiększać transmisję NMDA. Wolne rodniki mogą indukować GAD i zwiększać syntezę GABA. ALA blokuje transmisję GABA i zwiększa transmisję NMDA. Protoporfiryny wiążą się z receptorem GABA i wspierają transmisję GABA. W ten sposób porfiryny mogą modulować szlak wzgórzowo-korytowo-wzgórzowy świadomej percepcji. Porfiryny dipolarne, WWA i archaiczne magnetytytytyt w układzie zahamowania ATPazy potasowo-sodowej indukowanej digoksyną mogą wytwarzać w pompowanym układzie fononowym za pośrednictwem modelu Frohlicha stan nadprzewodnikowy indukujący kwantową percepcję z nanoarchaealową grawitacją wytwarzającą zaaranżowaną redukcję możliwości kwantowych do świata makroskopowego. ALA może wytwarzać inhibicję ATPazy potasowo-sodowej, prowadząc do stanu kwantowego z udziałem porfiryn dipolarnych, za pośrednictwem pompowanego układu fononowego. Cząsteczki porfiryn mają istnienie cząsteczek falowych i mogą stanowić pomost pomiędzy stanem kwantowym a stanem cząstek stałych. W ten sposób porfiryny mogą pośredniczyć w świadomym i kwantowym postrzeganiu. Porfiryny wiążące się z białkami, kwasami nukleinowymi i błonami komórkowymi mogą wytwarzać emisję biofotonową. Porfiryny poprzez autoutlenianie mogą generować biofotony i biorą udział w percepcji kwantowej. Biofotony mogą pośredniczyć w postrzeganiu kwantowym. Fotoutlenianie porfiryn komórkowych bierze udział w wykrywaniu pól magnetycznych ziemi i pól biomagnetycznych niskiego poziomu. W ten sposób profiryny mogą pośredniczyć w pozazmysłowej percepcji. Porfiryny mogą modulować półkulistą dominację. Istnieje zwiększona synteza porfiryn i RHCD oraz zmniejszona synteza porfiryn w LHCD. Porfiria może prowadzić do zaburzeń psychiatrycznych i napadów. Prawej półkuli dominacja chemiczna związana jest z migreną, astmą oskrzelową, nadciśnieniem tętniczym, zespołem jelita drażliwego, nieswoistymi zapaleniami jelit, dysautonomią seksualną, chorobą wrzodową, niewydolnością poliendokrynną, encefalopatią Hashimoto, mikroangiopatyczną chorobą mózgu/wieńcową, prawidłowym ciśnieniem wodogłowia, zespołem paniki i zespołem chronicznego zmęczenia. Wszystkie te zaburzenia czynnościowe mają podłoże neuropsychiatryczne.

Protoporfiryny blokują transmisję acetylocholiny, powodując neuropatię pochwy z nadaktywnością współczulną. Może to prowadzić do zespołu paniki, wieńcowej neuropatii autonomicznej i nadciśnienia tętniczego. W wyniku neuropatii pochwy dochodzi do aktywacji immunologicznej, skurczu naczyń i choroby naczyniowej. Neuropatia pochwowa podkreśla zespół metaboliczny x i chorobę mikroangiopatyczną. Neuropatia pochwy wywołane aktywacja immunologiczna może produkować cytokiny urazu kluczowego w patogenezie migreny, astmy oskrzelowej, nadciśnienie tętnicze, zespół jelita drażliwego, nieswoiste zapalenie jelit, dysautonomia seksualna, choroba wrzodowa, niewydolność poliendokrynna, encefalopatia Hashimoto, mikroangiopatyczna choroba mózgu / wieńcowa, prawidłowe ciśnienie wodogłowie, zespół paniki i zespół przewlekłego zmęczenia. Porfiryna indukowana zwiększoną transmisją NMDA i uszkodzeniem przez wolne rodniki może przyczynić się do śmierci komórek. Wolne rodniki mogą powodować dysfunkcję mitochondrialnego PT w porach. Może to prowadzić do wycieku cyto C i aktywacji kaskady kaskadowej prowadzącej do apoptozy i śmierci komórek. Śmierć komórkowa wywołana przez porfirynę może przyczynić się do patogenezy tych zaburzeń. Protoporfiryny wiążące się z receptorami mitochondrialnymi benzodiazepiny mogą regulować funkcje mózgu i śmierć komórek. [3,4,16]

Porfiryny dipolarne, WWA i archeologiczne magnetytytytytyt w otoczeniu digoksyny indukowanej inhibicją sodowo-potasowej ATPazy potasowej mogą wytwarzać w pompowanym systemie fononowym za pośrednictwem modelu Frohlicha stan nadprzewodnikowy indukujący kwantową percepcję z nanoarchaealową grawitacją wytwarzającą zaaranżowaną redukcję możliwości kwantowych do świata makroskopowego. ALA może wytwarzać inhibicję ATPazy potasowo-sodowej, prowadząc do stanu kwantowego z udziałem porfiryn dipolarnych, za pośrednictwem pompowanego układu fononowego. Porfiryny w procesie autoutleniania mogą generować biofotony i biorą udział w postrzeganiu kwantowym. Biofotony mogą pośredniczyć w postrzeganiu kwantowym. Fotoutlenianie porfiryn komórkowych biorą udział w wykrywaniu pól magnetycznych ziemi i pól biomagnetycznych niskiego poziomu. Porfiryny mogą w ten sposób przyczynić się do postrzegania kwantowego. Niski poziom pól elektromagnetycznych i światła może indukować syntezę porfiryn. Niski poziom EMF może powodować hamowanie ferrochelatazy, jak również indukcję tlenazy hemu przyczyniając się do zubożenia hemu, indukcję syntazy ALA i zwiększoną syntezę porfiryn. Światło indukuje również syntezę ALA i porfirynę. Zwiększona synteza porfiryny może przyczynić się do zwiększenia percepcji kwantowej i modulować świadome postrzeganie. Indukowane przez porfirynę biofotony i pola kwantowe mogą modulować źródło, z którego generowane były niskie poziomy EMF i pól fotoelektrycznych. W ten sposób porfiryna generowana przez obce pól EMF i pól fotowoltaicznych niskiego poziomu może oddziaływać na źródło EMF i pól fotowoltaicznych niskiego poziomu modulując go. W ten sposób porfiryny mogą służyć jako pomost pomiędzy ludzkim mózgiem a źródłem pól elektromagnetycznych i fotowoltaicznych niskiego poziomu. Służy to jako sposób komunikacji pomiędzy ludzkim mózgiem a urządzeniami magazynującymi EMF, takimi jak Internet. Porfiryny mogą również służyć jako źródło komunikacji ze środowiskiem. Środowiskowe EMF i chemikalia wytwarzają indukcję heme-tlenazy i zubożenie hemu zwiększając syntezę porfiryn, kwantową percepcję i dwukierunkową komunikację. Tak więc indukcja syntezy porfiryn może służyć jako mechanizm komunikacji pomiędzy ludzkim mózgiem a środowiskiem poprzez pozazmysłową percepcję. Niski poziom narażenia na EMF może prowadzić do migreny, astmy oskrzelowej, nadciśnienia tętniczego z neuropatią autonomiczną serca, zespół jelita drażliwego, nieswoiste zapalenie jelit, dysautonomia seksualna, choroba wrzodowa, niewydolność poliendokrynna, encefalopatia Hashimoto, mikroangiopatyczna choroba mózgu / wieńcowa, prawidłowe ciśnienie wodogłowie, zespół paniki i zespół przewlekłego zmęczenia. Wszystkie te zaburzenia funkcjonalne mają coraz większe rozmiary epidemiczne i związane są z nimi zanieczyszczenia środowiska o niskim poziomie EMF. Te zaburzenia funkcjonalne są związane z postępem cywilizacyjnym.

Porfiryny mają również znaczenie ewolucyjne, ponieważ porfiria jest spokrewniona z rasami scytyjskimi i ma wpływ na behawioralne i intelektualne cechy tej grupy populacji. Porfiryny mogą intercypować w DNA i produkować ekspresję HERV. HERV RNA może zostać przekształcone w DNA przez odwróconą transkryptazę, która może zostać zintegrowana z DNA przez integrację. Ma to tendencję do zwiększania długości niekodującego regionu DNA. Wzrost niekodującego regionu DNA jest zaangażowany w ewolucję naczelnych i człowieka. Tak więc, zwiększone tempo syntezy porfiryn koreluje ze wzrostem niekodującej długości DNA. Zmiana długości niekodującego regionu DNA przyczynia się do dynamicznego charakteru genomu. Tak więc porfiryny genetyczne i nabyte mogą prowadzić do zmian w niekodującym regionie genomu. Zmiana długości niekodującego regionu DNA przyczynia się do różnic rasowych i indywidualnych w populacjach. Zwiększona długość niekodującego regionu, jak również zwiększona synteza porfiryn prowadzi do zwiększenia funkcji poznawczych i twórczych neuronów. Porfiryny biorą udział w kwantowej percepcji i regulacji ścieżki wzgórzowo-korowej świadomej percepcji. Tak więc genetyczne i nabyte porfiryny przyczyniają się do zwiększenia zdolności poznawczych i twórczych niektórych ras. Porfirie są powszechne wśród scytyjskich ras euroazjatyckich, które przyjęły rolę przywódczą w społecznościach i grupach. Porfiryny przyczyniły się do ewolucji człowieka i naczelnych. Scytijskie rasy mają większą częstość występowania migreny, astmy oskrzelowej, nadciśnienia tętniczego z neuropatią autonomiczną serca, zespół jelita drażliwego, zapalenie jelit, dysautonomia seksualna, choroba wrzodowa, niewydolność poliendokrynna, encefalopatia Hashimoto, mikroangiopatyczna choroba mózgu / wieńcowa, prawidłowe ciśnienie wodogłowie, zespół paniki i zespół przewlekłego zmęczenia. Większość naszej populacji pacjentów należała do tej grupy. [3,4]

W wyżej wymienionych stanach chorobowych - migrena, astma oskrzelowa, nadciśnienie tętnicze z autonomiczną neuropatią serca, zespół jelita drażliwego, nieswoiste zapalenie jelit, dysautonomia płciowa, choroba wrzodowa, niewydolność poliendokrynna, encefalopatia Hashimoto, mikroangiopatyczna choroba mózgu/wieńcowa, wodogłowie normalne ciśnienie, zespół paniki i zespół przewlekłego zmęczenia - opisano aktynowozależną biosferę cieni. Synteza porfiryn jest kluczowa w patogenezie tych zaburzeń. Porfiryny mogą służyć jako cząsteczki regulacyjne modulujące układ odpornościowy, nerwowy, hormonalny, metaboliczny i genetyczny. Porfiryny fotoutlenianie generowane wolnych rodników mogą produkować aktywację odpornościową, produkować śmierć komórek, aktywować proliferację komórek, produkować insulinę oporność i modulować świadomość/kwantalną percepcję. Archeologiczne porfiryny funkcjonują jako kluczowe cząsteczki regulacyjne, w których ważną rolę odgrywają receptory mitochondrialne benzodiazepiny. Fotoutlenianie porfiryn generowane przez wolne rodniki może wytwarzać aktywację immunologiczną, wytwarzać śmierć komórek, aktywować proliferację komórek, wytwarzać insulinooporność i modulować świadomość/kwantalną percepcję. Porfiryny mogą regulować dominację półkulistą. Porfiryny hamują transmisję cholinergiczną wytwarzając neuropatię pochwy i nadaktywność współczulną. Niedobór Heme może indukować fenotyp Warburga przyczyniając się do patogenezy. Niedobór Heme powoduje również dysfunkcję mitochondriów, jak również dysfunkcję układu glutationowego wymiataczy wolnych rodników. Niedobór Heme może wpływać na działanie peroksydazy tarczycy i enzymów cytochromu P450 biorących udział w syntezie steroidów, powodując niewydolność poliendokrynną. Niedobór Heme może mieć wpływ na enzymy heme produkujące gazotransmitery naczyniowe NO, CO i H2S syntezy produkujące nadciśnienie i zaburzenia erekcji. Niewydolność gonad z zaburzeniami erekcji może prowadzić do osobowości aseksualnej. Porfiryna generowane stresu redoks może indukować NFKB produkujących aktywację immunologiczną. Neuropatia pochwy i niedobór gazotransmiterów, zwłaszcza NO, może prowadzić do mikroangiopatycznego krążenia wieńcowego i mózgowego. Neuropatia pochwowa może również przyczyniać się do aktywacji immunologicznej. Aktywacja immunologiczna może przyczynić się do rozwoju NZJ. Niedobór gazotransmiterów i aktywacja immunologiczna mogą indukować IBS. Aktywacja immunologiczna prowadząca do aseptycznego zapalenia opon mózgowych i neuropatii pochwy związane z mikroangiopatią są czynnikami sprawczymi dla prawidłowego wodogłowia ciśnieniowego. Aktywacja immunologiczna wynikająca z neuropatii pochwy i stresu redoks, jak również niedobór heme związane z dysfunkcją mitochondriów może prowadzić do zespołu przewlekłego zmęczenia. Neuropatia pochwy z nadpobudliwością współczulną może prowadzić do ataków paniki. Redox stres i aktywacja immunologiczna może prowadzić do migreny i astmy oskrzelowej. Protoporfiryna za pośrednictwem zwiększonej syntezy digoksyny może przyczynić się do zwiększenia wewnątrzkomórkowego wapnia produkującego nadciśnienie, astmę oskrzelową i migrenę. Archeologiczne porfiryny funkcjonuje jako kluczowe cząsteczki regulacyjne z mitochondrialnych receptorów benzodiazepiny odgrywa ważną rolę. Wada metaboliczna porfiryn leży u podstaw patogenezy migreny, astmy oskrzelowej, nadciśnienia tętniczego z neuropatią autonomiczną serca, zespół jelita drażliwego, nieswoiste zapalenie jelit, dysautonomia seksualna, choroba wrzodowa, niewydolność poliendokrynna, encefalopatia Hashimoto, mikroangiopatyczna choroba mózgu/wieńcowa, prawidłowe ciśnienie wodogłowie, zespół paniki i zespół przewlekłego zmęczenia. Można to nazwać cywilizacyjnym zaburzeniem metabolizmu porfiryn. Opisano zaburzenia metaboliczne porfirynowe związane z dysautonomią CVS-płuc i GIT, mikroangiopatią wieńcowo-mózgową, niewydolnością poliendokrynną i zespołem przewlekłego zmęczenia/zespołem paniki.

Referencje

1 Eckburg P.B., Lepp, P.W., Relman, D.A. (2003). Archaea and their potential role in human disease, *Infect Immun,* 71, 591-596.

2 Smit A., Mushegian, A. (2000). Biosynteza izoprenoidów poprzez mewalonian w Archaea: the lost pathway, *Genome Res,* 10(10), 1468-84.

3 Puy, H., Gouya, L. , Deybach, J.C. (2010). Porfiria. *The Lancet*, 375(9718), 924 - 937.

4 Kadisz, K.M., Smith, K.M., Guilard, C. (1999). *Porphyrin Hand Book.* Prasa akademicka, Nowy Jork: Elsevier.

5 Gavish M., Bachman, I., Shoukrun, R., Katz, Y., Veenman, L., Weisinger, G., Weizman, A. (1999). Enigma z Peryferyjnego Receptora Benzodiazepiny. *Pharmacological Reviews,* 51(4), 629-650.

6 Richmond W. (1973). Preparation and properties of a cholesterol oxidase from nocardia species and its application to the enzymatic assay of total cholesterol in serum, *Clin Chem,* 19, 1350-1356.

7 Snell E.D., Snell, C.T. (1961). *Colorimetric Methods of Analysis.* Vol. 3A. Nowy Jork: Van NoStrand.

8 Glick D. (1971). *Metody analizy biochemicznej.* Vol. 5. Nowy Jork: Interscience Publishers.

9 Colowick, Kaplan, N.O. (1955). *Metody w enzymologii.* Tom 2. Nowy Jork: Prasa akademicka.

10 Van der Geize R., Yam, K., Heuser, T., Wilbrink, M.H., Hara, H., Anderton, M.C. (2007). A gene cluster encoding cholesterol catabolism in a soil actinomycete provides insight into Mycobacterium tuberculosis survival in macrophages, *Proc Natl Acad Sci USA,* 104(6), 1947-52.

11 Francis A.J. (1998). Biotransformacja uranu i innych aktynowców w odpadach radioaktywnych, *Journal of Alloys and Compounds,* 271(273), 78-84.

12 Schoner W. (2002). Endogenous cardiac glycosides, a new class of steroid hormones, *Eur J Biochem,* 269, 2440-2448.

13 Vainshtein M., Suzina, N., Kudryashova, E., Ariskina, E. (2002). New Magnet-Sensitive Structures in Bacterial and Archaeal Cells, *Biol Cell,* 94(1), 29-35.

14 Tsagris E.M., de Alba, A.E., Gozmanova, M., Kalantidis, K. (2008). Viroids, *Cell Microbiol,* 10, 2168.

15 Horie M., Honda, T., Suzuki, Y., Kobayashi, Y., Daito, T., Oshida, T. (2010). Endogenous non-retroviral RNA virus elements in mammalian genomes, *Nature,* 463, 84-87.

16 Kurup R., Kurup, P.A. (2009). *Hypothalamic digoxin, cerebral dominance and brain function in health and diseases*. Nowy Jork: Nova Science Publishers.

Printed by Books on Demand GmbH, Norderstedt / Germany